U0324175

山西省青年科技研究基金资助项目(201601D201090)
山西省高等学校科技创新项目

厚松散层特厚煤层
综放开采巷道围岩变形机理及控制

Hou Songsanceng Tehou Meiceng
Zongfang Kaicai Hangdao Weiyan Bianxing Jili Ji Kongzhi

赵国贞　著

中国矿业大学出版社
·徐州·

内 容 提 要

本书开展的厚松散层特厚煤层综放开采巷道围岩变形机理及控制研究,有助于从本质上掌握巷道围岩破坏机理,系统研究煤(岩)体的物理力学特性、顶板覆岩的破断特征及结构的稳定性、巷道围岩变形机理,从而确定区段煤柱的合理宽度、最优端头不放煤段的长度、优化的巷道支护参数,对降低煤炭开采损失、减少巷道支护和维修成本、提高经济效益、改善采煤工作面作业环境、保障煤矿工人的身心健康、确保煤矿安全高效生产等具有重要意义。

本书可供矿业工程相关专业研究生学习参考,亦可作为从事矿业工程领域研究人员的参考用书。

图书在版编目(CIP)数据

厚松散层特厚煤层综放开采巷道围岩变形机理及控制/
赵国贞著.—徐州:中国矿业大学出版社,2019.2
  ISBN 978-7-5646-4313-3

  Ⅰ.①厚… Ⅱ.①赵… Ⅲ.①特厚煤层—煤矿开采—
巷道围岩—研究 Ⅳ.①TD823.25

  中国版本图书馆 CIP 数据核字(2019)第 007090 号

书　　名	厚松散层特厚煤层综放开采巷道围岩变形机理及控制
著　　者	赵国贞
责任编辑	满建康
出版发行	中国矿业大学出版社有限责任公司
	(江苏省徐州市解放南路　邮编 221008)
营销热线	(0516)83884103　83885105
出版服务	(0516)83995789　83884920
网　　址	http://www.cumtp.com　**E-mail**:cumtpvip@cumtp.com
印　　刷	虎彩印艺股份有限公司
开　　本	787 mm×1092 mm　1/16　**印张** 14.75　**字数** 281 千字
版次印次	2019 年 2 月第 1 版　2019 年 2 月第 1 次印刷
定　　价	58.00 元

(图书出现印装质量问题,本社负责调换)

前　言

伴随我国煤炭开发战略布局逐步向西部转移，内蒙古、陕西、新疆浅埋特厚煤层面积大、地域广阔，西部高原井田地表被广厚的黄土和风积沙大面积覆盖，只在较大的冲沟中才有基岩出露，地形复杂，沟壑纵横，树枝状冲沟十分发育，特殊的地质条件为特厚煤层的开采提出了更多新的难题。埋藏浅、厚松散层和特厚（巨厚）煤层是西部煤炭资源赋存的重要特征，此类煤层在开采过程中呈现出许多不同于东部煤层开采的特殊现象。煤层长壁工作面开采时，基本顶破断步距短，顶板难以形成稳定结构；采场覆岩很难形成"三带"，破断运动多直接波及地表；同时，由于基岩薄、煤层厚，顶板来压明显，存在明显的动载现象。因此，如何实现煤层安全高效开采，尤其是厚松散层、特厚煤层、大采高、大采放比等条件下的综放开采巷道支护理论和技术，值得进行深入地探讨和研究。

本书结合山西省青年科技研究基金资助项目"浅埋薄基岩下特厚煤层综放开采端头围岩变形时空演化机理研究"（201601D201090），以华电集团蒙泰不连沟煤矿千万吨级矿井为工程背景，综合物理力学试验、理论分析、相似材料试验、数值计算、现场工业性试验等手段和方法，系统研究了厚松散层特厚煤层巷道围岩变形机理，建立了巷道围岩的力学分析模型，分析了位移、应力、能量等参量的变化规律，设计了厚松散层特厚煤层综放开采巷道围岩支护方案。

本书分为7章，第1章主要介绍了综放开采巷道围岩变形机理及控制的研究现状；第2章通过实验室实验及井下巷道围岩钻孔成像分析了煤（岩）体物理力学特性；第3章基于理论分析重点研究了综放开采围岩结构力学模型与结构的稳定性；第4章利用相似材料模拟实验研究了围岩裂隙发育及岩体破断规律；第5章通过数值模拟对巷道围岩变形机理进行了深入分析和研究；第 6 章针对煤矿开采实际，开展了综放开采巷道围岩变形控制及实践研究，提出了厚松散层特厚煤层综放开采巷道围岩支护方案，验证了相关研究成果的实用性与可靠性；第 7 章为主要结论。

厚松散层特厚煤层开采是一个非常复杂的工程问题，本书仅在前人研究成果的基础上，针对厚松散层特厚煤层巷道围岩变形机理及控制问题进行了研究，将覆岩、顶板、煤柱、巷道等进行了综合分析，获得了具有一定理论和工程意义的研究成果，并在煤矿应用实践中取得了较好的效果。然而，由于所涉及的问题难度大，还有待从广度和深度上进行更多的研究。

本书可供矿业工程相关专业研究生学习参考，亦可作为从事矿业工程领域研究人员的参考用书。本书主要为作者博士论文研究成果的整理汇总，感谢中国矿业大学马占国教授、美国科罗拉多矿业大学张瑞冲教授、太原理工大学梁卫国教授为本书的出版提出的宝贵意见。同时，本书的出版得到了山西省青年科技研究基金资助项目和山西省高等学校科技创新项目的资助，在此一并表示感谢。

由于作者水平所限，本书难免存在缺点和错误，敬请读者不吝指正。

作者

2018 年 11 月

目　　录

1 绪 论

1.1 研究背景

中国经济的高速发展,依赖于煤炭产量的快速增长。我国厚煤层的煤炭储量十分丰富且分布广泛,全国拥有厚煤层的生产矿井占生产矿井总数的40.6%,可采储量占生产矿井总储量的 45%[1-3]。伴随我国煤炭开发战略布局逐步西移,内蒙古、陕西、新疆浅埋特厚煤层面积大、地域广阔,新的复杂地质条件为煤炭开采提出了更高的挑战,如何实现高产高效开采和安全保障生产等新的重大科技问题越来越多[4-8],尤其是薄基岩厚松散层特厚煤层[9]、大采高煤层[10-12]、大采放比等条件下煤层的综放开采巷道支护理论和技术[13]急需科技攻关。国内虽对综放开采技术进行了大量研究,但在厚松散层特厚煤层、大采高煤层、大采放比等条件下煤层的巷道支护,传统的技术理论仍无法完全解决[14]。

我国西部地区煤炭资源总量为 43 134 亿 t,约为全国的 78%。其中,"三西"(山西、陕西和蒙西)储量为 6 322 亿 t,占全国的 64%;陕西、内蒙古、新疆、宁夏、甘肃、青海已发现资源总量为全国的 71.60%,占查明储量的 44.18%[15-17]。西部的鄂尔多斯黄土高原井田地表被广厚的黄土和风积沙大面积覆盖,只在较大的冲沟中才有基岩出露。地形复杂,沟壑纵横,树枝状冲沟十分发育,地形总趋势是西南高、东北低,海拔 1 127~1 346 m,高差 219 m。内蒙古鄂尔多斯准格尔旗不连沟井田属大陆性干旱气候,冬季严寒,夏季温热而短暂,寒暑变化剧烈,昼夜温差大,年平均气温 5.3~7.6 ℃,最低气温−36.3 ℃,一般结冰期为每年 10 月至次年 4 月,最大冻土深度 1.50 m。降雨多集中在 7~9 月,年平均降水量 408 mm,年总蒸发量为 1 824.7~2 204.6 mm。无霜期约 150 d。受季风影响,冬春季多风,风速一般为 16~20 m/s,最大风速 40 m/s,主导风向为西北风。气温有逐年增高的趋势,且季节性温差也逐年减小,地区性扬沙天气和沙尘暴次数增多。据"中国地震动参数区划图"划分,地震动峰值加速度(g)为 0.10,地震烈度为 7 度。井田主采 6 号煤层,煤层可采厚度 6.05~35.50 m,平均 16.50 m,属稳定~较稳定煤层。该煤层结构复杂,表现为中部较软,而顶部较硬,底部次之,裂隙发育,夹矸多;煤层顶板以半坚硬为主,底板软岩比例较高,大部分为泥岩、黏土岩、炭质泥岩。

在我国现有的煤炭储量和产量中,厚煤层(厚度≥3.5 m)的产量和储量均占 45% 左右,而且厚煤层是我国实现高产高效开采的主力煤层,厚煤层的储量与厚度优势,为实现安全高效开采提供了基础条件,但同时也由于煤层厚度大,会出现许多迫切需要解决的新课题,尤其是综放巷道围岩变形控制及煤柱的合理尺寸分析问题[18-27]。与此同时,煤炭开采过程中还要考虑到煤炭的损失问题。厚煤层开采过程中的损失[28-29]主要包括以下几部分:① 综放开采高度难以与煤层厚度相符的煤层厚度损失;② 初、末采不放煤、工作面两端不放煤和正常开采时的放煤工艺损失,其中工作面两端的顶煤损失目前还较难解决;③ 上、下区段工作面开采时留设的区段煤柱损失,区段煤柱的留设与区段巷道的支护问题密切相关,如何在高效回收煤炭资源的同时减轻巷道支护的压力,是厚煤层开采迫切需要解决的问题。以上问题的解决,需要对综放开采大采高、大采放比上覆岩体的破断结构特征及其稳定性、巷道煤柱合理尺寸及其变形规律、巷道围岩变形机理及其控制等方面进行深入的研究。

《煤炭科技"十二五"规划》(征求意见稿)[30]指出:"2009 年,煤炭在我国一次能源生产和消费结构中的比例分别达到了 77.2% 和 70.3%,煤炭的强势供给给我国经济的快速发展提供了强有力的支撑。同时,我国煤层赋存条件非常复杂,地质构造对煤层的破坏非常严重,大部分煤层的开采普遍存在着生产效率低、安全状况差等问题。在 2009 年的煤矿死亡事故中,事故起数和事故死亡人数居第一位的是顶板事故,分别占总事故起数的 47.8% 和 35.7%,煤炭事故严重制约着我国煤炭工业的进一步发展,只有通过技术攻关,突破制约才能获得发展空间。"因此,急需进行厚松散层特厚煤层综放开采巷道围岩变形机理及控制方面的研究。

厚松散层特厚煤层综放开采巷道围岩变形机理及控制是煤矿开采向西部转移发展最重要的技术瓶颈。本课题研究结合厚松散层特厚煤层裂隙发育等特点,以区段煤柱宽度、端头不放煤段长度、煤层厚度等因素为突破口,重点研究煤(岩)体物理力学特性、覆岩破断结构、巷道围岩变形机理、煤柱合理尺寸分析、巷道围岩控制等内容。

1.2 研究目的和意义

巷道围岩变形机理及控制是国内外采矿及岩石力学界研究的重点和难点[31-35]。随着能源需求量的快速增加,煤炭开采的深度、强度与广度逐年增加,煤矿开采和巷道支护更加困难,对巷道支护技术的要求更高、更苛刻。综放开采具有巷道掘进率低、投资少、开采成本低、产量大、效率高等优点,在煤矿生产实践中得到广泛应用,但同时综放开采在采场和回采巷道所表现出的矿压显现规律及围岩控制与其他开采方法明显不同。近几年,综放开采围岩稳定性及其控制的研究得到了国内外众多学者[36-41]的重视,并取得了大量的成果。但是在综放回采巷道,尤其是厚积沙薄基岩下厚松散层特厚煤层的矿压显现规律及其围岩控制方面的研究工作并不充分,大量的文章及技术仍沿用过去传统的支护理论和支护方式,掘进巷道变形及支护效果见图 1-1。对于巷道围岩变形机理及支护技术的研究,往往忽视一些细节及耦合作用,例如:综放开采覆岩结构及其变形规律、巷道煤柱尺寸及稳定性、巷道围岩变形机理及控制等。而以上三者及其耦合关系恰恰是影响综放回采巷道矿压理论和支护技术进一步发展的重要因素。

图 1-1 掘进巷道变形及支护效果

实测资料显示,厚松散层特厚煤层综放开采巷道(经历三次动载影响)围岩变形规律与其他回采巷道明显不同[42-49],主要原因在于厚积沙薄基岩条件下特厚煤层围岩伴随上区段工作面回采形成了新的煤岩结构,与此同时,顶板、煤柱、巷道、端头不放煤段顶煤等各结构体间表现出特殊的耦合关系及作用机理,而在国内外这方面的研究却很少。在控制围岩变形的同时,煤炭采出率是煤矿安全高效开采的重要影响因素,特别是特厚煤层,合理减少区段煤柱尺寸和端头不放煤段长度便成为提高煤炭采出率的一种有效手段。综放开采区段煤柱直接影响综放采场围岩变形和破坏机理及覆岩破断结构与矿压显现规律,其受到三次动载影响,分别是巷道掘进动载影响、上区段工作面开采动载影响、下区段工作面开采动载影响,尤其是上、下区段工作面的二次动载的影响,使下区段工作面的煤柱巷及煤柱反复受载,破坏严重,支护困难,返修任务重。

因此,开展厚松散层特厚煤层综放开采巷道围岩变形机理及控制的研究,有助于从本质上掌握巷道围岩破坏机理,系统研究煤(岩)体的物理力学特性、顶板覆岩的破断特征及结构的稳定性、巷道围岩变形机理,从而确定区段煤柱的合理宽度、最优端头不放煤段的长度,优化的巷道支护参数,对降低煤炭开采损失、减少巷道支护和维护成本、提高经济效益、显著改善采煤工作面工作环境,保障煤矿工人的身心健康,确保煤矿安全高效生产等具有重要意义。

1.3　国内外研究现状

综放开采技术于 20 世纪 60 年代起源于欧洲,早期的有苏联秦巴列维齐根据莫斯科近郊煤田浅埋条件提出的台阶下沉假说,苏联布德雷克于 1981 年在苏联《煤》杂志第 2 期上发表了相关学术论文。20 世纪 80 年代初,澳大利亚霍勃尔瓦伊特等对新南威尔士安谷斯·坡来斯煤矿李寺古煤层长壁开采的一些矿压现象进行了实测。进入 20 世纪 90 年代后,澳大利亚霍拉等还对新南威尔士浅埋煤层长壁开采的顶板岩层移动进行了观测研究。英国和美国多采用长壁综合机械化开采,主要进行了地表岩层移动和地震波探测与工程地质评价等研究工作。印度和一些南美国家也因缺乏有关技术而未能采用长壁开采,主要进行房柱式开采地表沉陷预计和煤柱载荷确定的研究。综上所述,国外对长壁开采的一些矿压现象进行了描述,对综放开采理论的研究较少。

从 1982 年综放开采技术引入我国,至今已有 30 多年的时间。在此期间,综放开采技术在我国获得了巨大的发展,同时取得了举世瞩目的成就[50-64]。尤其是到 1992 年,除我国以外,世界上最后一个综放工作面在俄罗斯停采,至此,我国成为世界上唯一一个应用长壁放顶煤开采技术的国家。21 世纪后,澳大利亚等国家开始引进我国的放顶煤开采技术,由此可见,我国先进的放顶煤技术已经逐步走向世界。近年来,综放开采基础理论研究和技术得到迅猛的发展,国内的许多煤炭院校、研究单位及煤炭企业均开展了大量的放顶煤开采相关的基础理论研究,如矿山压力规律与围岩控制[65-74]、顶煤破碎机理[75-87]、支架与围岩关系[88-93]、放顶煤放出规律[65-74]、瓦斯治理[94-111]、火灾与防尘[112-113]等方面。每个方向的研究都在放顶煤开采中起着至关重要的作用,同时它们之间的相互影响关系又为放顶煤开采技术的进一步研究奠定了坚实的基础。

目前综放开采巷道围岩变形机理及控制的研究主要集中在以下三个方面:一是综放开采巷道上覆岩体破断结构的特征及其稳定性问题;二是综放开采巷道煤柱受力变形规律及稳定性分析;三是综放开采巷道围岩变形机理及其控制。

1.3.1　综放开采巷道上覆岩体破断结构的特征及其稳定性

综放开采与以往的煤层综采有着巨大的差异,综放开采的一次采高成倍增大,同时支架上方存在着一层破碎的、强度低的顶煤,因此采场上覆岩层及其结构所形成的载荷需要通过直接顶传递给顶煤,然后再施加到支架上,顶煤起到了传递上覆岩层载荷的媒介作用[114-115]。而采动岩体上覆岩体的破断结构的形式直接影响着支护结构的承载大小及工作原理,并进一步影响着巷道围岩支护参数及岩层控制技术的选取。因此,对综放开采巷道上覆岩层破断结构特征及其稳定性的研究已成为综放开采现代化安全采煤的关键。

从19世纪末开始,国内对采场上覆岩层中的这种灰色结构进行了大量研究,提出了各种结构假说和推测。例如:关键层理论[116-132]、压力拱假说[133]、悬梁假说[134-139]、预成裂隙假说[140-141]、铰接岩块假说[142-146]等。在总结铰接岩块假说及预成裂隙假说的基础上,钱鸣高院士于20世纪70年代末和80年代初提出了岩体结构的"砌体梁"结构理论模型[147-153],如图1-2所示。

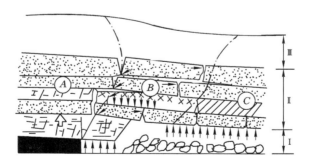

图 1-2　采场上覆岩层中的"砌体梁"结构模型

Ⅰ——垮落带;Ⅱ——裂隙带;Ⅲ——弯曲下沉带

　　"砌体梁"模型的提出立即引起国内外矿山压力学术界的广泛关注,展开了深刻而有益的讨论。从宏观上讲,采场上覆岩层的"砌体梁"结构模型将开采工作面的上覆岩层自下而上分为三个带,即垮落带Ⅰ、裂隙带Ⅱ、弯曲下沉带Ⅲ。同时,从工作面自前向后又分为三个区,即煤壁支撑区 A、离层区 B 和重新压实区 C。从受力的角度讲,煤壁支撑区也称为高应力区,离层区为卸压区,重新压实区为应力恢复区。"砌体梁"理论认为:悬露岩层在极限跨距下产生破断,破断的岩块由于回转相互挤压形成水平力,从而在岩块间产生摩擦力,在合适的水平挤压力条件下可形成裂隙体梁的平衡。这种拱结构的平衡可以保护回采工作空间,使其不必承受上覆岩层的全部载荷。目前,"砌体梁"结构假说的理论研究正在逐步被完善,其应用范围也在不断扩大。

　　宋振骐院士根据上覆岩层运移破断特点,提出采场上覆岩层中的"传递岩梁"结构模型。该理论[154-156]认为,随采场推进上覆岩层悬露,悬露岩层在重力作用下弯曲沉降。随跨度进一步增大,沉降发展到一定限度后,上覆岩层便在伸入煤壁的端部开裂和中部开裂形成"假塑性岩梁",其两端由煤体支承,或一端由工作面前方煤体支承,一端由采空区矸石支承,在推进方向上保持力的传递。当其沉降值超过"假塑性岩梁"允许沉降值时,悬露岩层即自行垮落。把每一组同时运动(或近乎同时运动)的岩层看成一个运动整体,称为"传递力的岩梁",简称"传递岩梁"。采场上覆岩层中"传递岩梁"结构模型如图 1-3 所示。

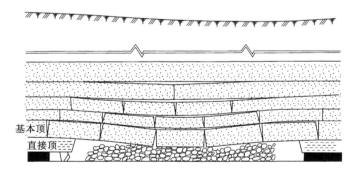

图 1-3　采场上覆岩层中"传递岩梁"结构模型

　　"传递岩梁"的岩层控制理论强调的是控制岩层运动[157]。根据节理面的摩尔-库仑准则和岩层沉降的最大曲率(ρ_{max})和最大挠度(W_{max}),判断各岩层是否同时运动或是否离层,当 $\rho_{max_{上}} \geqslant \rho_{max_{下}}$ 或 $W_{max_{上}} \geqslant W_{max_{下}}$ 时,两岩层组合成一个传递岩梁同时运动;反之,两岩层将形成两个传递岩梁分别独立运动。由以上判断可将采场到地面划分为垮落带、裂隙带和弯曲下沉带。其中,对矿压显现有明显影响的是垮落带和裂隙带中的 1～2 个下位传递岩梁。一般情况下,把垮落带称为直接顶;对采场矿压显现有明显影响的 1～2 个下位传递岩梁称为基本顶,直接顶与基本顶的全部岩层为采场需控制岩层范围。

浅埋煤层长壁工作面主要的矿压特征是,基本顶破断步距短、顶板难以形成稳定结构,采场覆岩很难形成"三带",破断运动多直接波及地表,来压存在明显动载现象,支架处于给定失稳载荷状态。浅埋煤层长壁开采过程中,基本顶将产生周期性破断,破断后的岩块相互铰接成砌体梁结构。但由于浅埋煤层顶板单一,其破断后铰接成砌体梁结构不同于一般普通长壁工作面,而是多铰接成"短砌体梁"和"台阶岩梁"两种结构。

在浅埋深条件下,由于基岩薄、上覆厚松散表土层,基本顶多形成"短砌体梁"结构,如图 1-4 所示。通过对顶板"短砌体梁"结构的稳定性分析,周期来压期间顶板结构失稳可以分为滑落失稳和回转失稳。然而当浅埋煤层顶板破断岩块块度比较大(为 1.0～1.4),"短砌体梁"结构很难保持稳定,将出现滑落失稳;当顶板块度小于 1 或者强度比较弱且回转角度大于 10°时,都容易导致架后切落,可以形象地称切落后所形成的形态为"台阶岩梁"结构,如图 1-5 所示。

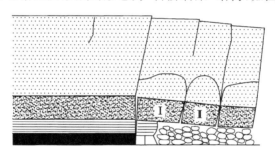

图 1-4　"短砌体梁"结构模型图

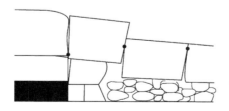

图 1-5　基本顶"台阶岩梁"结构模型图

北京科技大学朱占东[158]通过分析山寨煤矿上覆岩层的结构和破断力学条件,认为复合关键层结构有三种断裂模式,并通过 UDEC 建立了山寨煤矿二维非线性数值分析模型,论证了工作面推进过程中岩层呈拱形冒落,采空区中部位移量最大,煤层顶底板及周围发生塑性破坏,得出了上覆岩层移动变形和破断随时间和空间的变化规律。

河南理工大学张旭和[159]结合不连沟煤矿近浅埋、巨厚煤层和综放开采三个特点,运用断裂带基本顶判别准则找到综放工作面断裂带基本顶的存在位置,利用关键层判别准则自下而上分析了工作面覆岩中关键层的个数与层位,并对其进行关键层复合效应判别,最后在关键层初期和周期垮落力学结构模型的基础上对关键块进行了稳定区域划分,从理论上分析了关键块的运动形式和整个覆岩的破断情况。

西安科技大学侯树宏[160]提出了主压力拱的概念,针对灵武矿区 2# 煤层特有的地质条件,利用 RFPA2D 数值模拟方法对综放工作面开采过程中顶板结构、顶板垮落过程及地表移动规律进行了分析计算。研究表明,综放开采上覆岩层存在着压力拱结构,工作面支架工作阻力来自压力拱内部岩石相互作用和拱趾压力。

山东科技大学李少刚[161]提出了综放采场覆岩大结构的概念,建立力学模型并对模型进行了力学分析计算,给出了覆岩大结构两种可能运动形式的力学判据,指出覆岩大结构的瞬时失稳是综放开采矿震灾害的根源,冲击气浪是矿震灾害的外在现象。

辽宁工程技术大学于海军[162]以轩岗某矿"三软"条件下 5# 煤层为研究背景,分析了工作面前方煤体进入弹性区或塑性区的力学条件,建立了"三软"条件厚煤层覆岩结构的力学模型,研究结果表明,轩岗"三软"厚煤层冒放性好,适于放顶煤开采。

山东科技大学侯守军[163]围绕大柳塔煤矿薄基岩厚表土层的典型特征,在分析得到黏土物理性质的基础上,得到薄基岩厚表土层且表土层含黏土的地质条件下的综放面的覆岩运动规律。同时,通过理论计算证实黏土层的成拱作用,确定了综放安全开采薄基岩的极限厚度与裂隙带的高度。

中国矿业大学(北京)胡青峰[164]在对比分析了经纬仪测量角度法、近景摄影测量法和全站仪测量坐标法三种监测方法用于相似材料模型实验的优缺点后,采用 FLAC3D 反演分析了塔山矿 8104 工作面不同开采条件下覆岩与地表移动变形规律以及覆岩破坏场和应力场的变化规律;基于概率积分法、Knothe 时间函数及岩层控制的关键层理论,建立了能够反映覆岩离层演化规律的覆岩内部岩层移动变形预测模型,并采用某矿 T2291 工作面上覆岩层移动实测资料证实了该模型的正确性;采用所建立的预计模型反演分析了 8104 工作面覆岩与地表移动规律及覆岩离层发育规律。

　　综上可知,鉴于综放开采一次采高增大至整个煤层厚度,采场矿山压力显现规律与上覆岩层移动规律备受关注,目前综放开采上覆岩层破断结构特征及其稳定性的研究已经取得了很多优秀的成果,有一些共性的认识,但也有许多分歧。前人的研究理论公式及应用多集中在综放采场覆岩,而对采场 O-X 破断边角部位的三角块,即区段煤柱采空区侧顶板结构稳定性的研究非常少,尤其是针对厚积沙薄基岩下厚松散层特厚煤层综放开采条件下的端头覆岩破断结构及其规律的研究尚属初步探索阶段,仍需要开展大量的研究工作。

1.3.2　综放开采巷道煤柱受力变形规律及稳定性

　　区段煤柱留设一直是国内外煤炭科研工作者研究的热点问题,而长期以来,在井工开采中我国一直沿用留煤柱护巷的方式[165-172]。煤柱具有避开压力峰值,减少对巷道破坏的作用,与此同时,区段煤柱损失也是厚煤层开采中煤炭损失的重要组成部分。放顶煤开采中,由于巷道布置和支护等原因,往往会留设较大的煤柱,不可避免地造成了煤炭资源的浪费,影响煤炭采出率,如何合理解决煤柱留设及区段巷道支护问题,已成为厚煤层开采急需解决的问题[173-179]。留设宽煤柱能解决部分巷道支护困难的问题,但煤炭损失严重;无煤柱或者小煤柱护巷虽然在理论上具有一定的道理,但在实际应用中,尤其是厚煤层工作面回采过程中,巷道变形严重,支护困难。近年来国内外煤炭科研工作者[180-191]进行了大量的研究,并在我国阳泉、平顶山、兖州、内蒙古等矿区进行了大量的科学试验及现场观测,取得了大量的数据结果。

　　太原理工大学孙淼[192]通过对巷道煤柱破坏失稳机理及上覆岩体的结构特征、垮落失稳机理的分析,研究了不同煤柱宽度对巷道围岩矿压显现的影响机理,运用辅助面积理论,提出了合理煤柱宽度的计算公式。

　　山东科技大学李成成[193]采用离散元数值模拟和理论分析对相邻采空区煤柱的采动应力变化规律和煤柱宽度优化进行了分析研究。研究表明:区段煤柱受两侧采空区压力叠加影响,会形成较高的煤柱支承压力;伴随工作面的推进,区段煤柱中的双峰应力合二为一并逐渐增大,在煤柱附近及其上下方的应力集中区内易产生冲击地压现象。

太原理工大学杨博[194]研究了通过分析关键块体对间隔煤柱稳定性的影响,揭示了煤柱保持稳定的基本条件为煤柱内部存在一定宽度的弹性核,提出了"低预紧力高强度锚杆加固＋特殊情况下注浆加固"的煤柱加固技术。

青岛理工大学陈辉[195]采用改进的 Burgers 模型——Cvisc 模型作为煤岩的蠕变模型,初步探讨时间因素对煤柱稳定性的影响,系统总结煤柱强度和变形规律的各种基础理论,结合煤柱破坏机理分析,得出煤柱载荷与强度是煤柱稳定性分析的基础。

山东科技大学郑朋强[196]利用离散元数值模拟软件,研究了唐口煤矿千米深井综放工作面顶板运动与支承压力分布、支架与围岩相互作用关系和沿空巷道围岩稳定性。研究表明:支架采用不同的支护强度,顶底板移近量与支护强度之间成类双曲线的关系。

西安科技大学刘洋[197]在总结前人煤柱变形破坏等大量研究的基础上,研究了煤柱强度准则、变形破坏机理、煤柱破坏过程以及合理的煤柱宽度留设方法。

王永秀等[198]建立了动态和静态两种数值模型对采区隔离煤柱应力分布规律进行对比模拟,并按煤柱应力分布规律对煤柱进行了区间划分,从而为确定煤柱留设宽度提供必要的理论参考。

安徽理工大学张永久[199]建立了基于采空区巷道顶板稳定、上位直接顶"岩-矸"结构(位于煤层上方 16～24 m)、基本顶"岩-梁"结构的侧向覆岩结构模型,同时建立了采空区巷道隔离墙受力模型,得到采空区巷道隔离墙承载性能适应覆岩运动,研究结果表明,3801 综放工作面煤柱宽度为 8 m,较以往减少 22 m,工作面停采煤柱留设尺寸为 25 m,较以往 50 m 减少了 25 m。

综上所述,国内外学者[200-201]所进行的大量研究,很多是基于沿空掘巷或者无煤柱巷道的,但对于上下两区段工作面间煤柱的变形及破坏机理研究甚少。对于裂隙发育、易风化、特厚煤层并且需要承受一次掘进影响、两次采动影响的煤柱而言,煤柱的留设问题更加困难。煤柱不是单独存在的孤立体,单纯的单轴压缩和劈裂试验虽然能为数值模拟和现场实践提供一定的依据,但远远不能满足现场施工的要求。我们仍需要以煤柱为突破口,反演运算,考虑上覆岩层来压及破断规律、煤层厚度、端头不放煤段长度、煤柱宽度等因素对煤柱稳定性的影响。因此,针对薄基岩下厚松散层特厚煤层综放开采煤柱留设问题的研究仍需要进一步研究。

1.3.3 综放开采巷道围岩变形机理及控制

煤矿巷道支护先后经历了木支护、砌碹支护、型钢支护到现在的锚杆支护[202-208]。多年来国内外的实践经验表明,锚杆支护是煤巷经济、有效的支护技术。澳大利亚、美国等国家地质条件比较简单,煤层埋藏浅,护巷煤柱宽度大,大力推广应用锚杆支护。欧洲一些主要的产煤国家在经历了过去的金属支架护巷技术后,也将巷道支护的方向转向锚杆支护。我国煤矿于 1956 年开始在岩巷中使用锚杆支护,至今已有 60 多年的历史。锚杆支护技术经历了从低强度、高强度到高预应力、强力支护的发展过程。目前,较成熟的锚杆支护理论主要可归纳为三大类[209]:

(1)基于锚杆的悬吊作用而提出的悬吊理论[210-215]、减跨理论[216-218]等。

(2)基于锚杆的挤压、加固作用提出的组合梁理论、组合拱理论[219]以及楔固理论[220]等。

(3)综合锚杆的各种作用而提出的最大水平应力理论[221]、外锚内注式的支护方法、松动圈支护理论、锚注理论[222]等。

不同的锚固理论具有不同的适用条件,应用时应根据具体顶板岩层条件进行合理选择。根据前人提出的理论,众多采矿工作者对巷道围岩变形控制进行了大量的科学研究。

秦永洋等[223]在解决顾桥煤矿深部巷道小煤柱沿空掘巷的支护难题时,对煤柱宽度和巷道支护参数进行了模拟研究,研究结果表明:巷道合理的煤柱宽度为 8 m 时,采用锚索网支护联合支护,有利于保持煤柱及巷道围岩的稳定。

太原理工大学代金华[224]利用 FLAC³ᴰ数值模拟算法对大采高综放开采煤壁片帮机理及塑性区宽度进行了理论研究与计算,得到了煤壁前方塑性区宽度的解析式,并得到结论:煤壁前方垂直应力峰值随着采高的增加而增加,峰值点距离随着采高的增大而减小,煤壁水平位移最大值随着采高的增加呈线性增加趋势,从而说明增大采高和增加煤层总厚度都将增大煤壁的片帮概率。

湖南科技大学陈淼明[225]对岩石进行三轴压缩围压分级长时加载实验,表明当轴向应力增大时,围压也要随着增大才能对试件变形产生较大的影响。同时,多条上山巷道掘进施工时对巷道围岩变形体现出"多巷协调变形"概念,并通过 FLAC²ᴰ研究厚煤层上山多协调变形机理,其研究结果在五阳煤矿进行应用实践。

山东科技大学张川[226]依据非弹性区理论结合挤压加固拱理论对巷道围岩进行了锚杆支护设计,应用 FLAC³ᴰ软件模拟巷道开挖及工作面推进工程中的巷道围岩应力场演化过程及围岩变化规律,确定了"高强度金属粗尾让压锚杆＋W形钢带＋金属网＋锚索"联合支护为最优支护方案。

安徽理工大学张学会[227]针对特厚煤层大采高综放开采方式的特殊性,对煤层应力分布、片帮特征及影响因素等力学特征进行了深入研究。结果表明:推进速度增大,片帮深度和片帮率随之减小,保持较高的推进速度能够减缓周期来压对煤壁片帮的影响。

北京科技大学张益超[228]对砚北煤矿250204工作面覆岩空间结构及工作面超前支承压力分布特征进行了深入研究,得到关键层破断诱发矿震,进而引发冲击地压。揭示特厚煤层沿空工作面覆岩内存在"S型超前离层结构",使得沿空巷道处于塑性区范围内,不易发生冲击地压,而实体煤巷道处于该结构产生的高应力区内,因而具有冲击危险性。

安徽理工大学王贵虎[229]以淮南谢桥矿为工程背景,论述了综放沿空巷道围岩变形机理、综放沿空巷道围岩应力场特征、综放沿空巷道围岩变形特征等,提出了采用高强锚杆限制围岩变形,保持围岩稳定,阻止复合顶板离层破坏,主动支护围岩,采用预应力锚索加强顶板支护,将不稳定的复合顶板悬吊到顶板深部稳定岩层中。

北京科技大学王洛锋[230]通过分析比较物理模拟、数值模拟和微地震监测结果,提出"三减一增"卸压理论,即顶底板"结构性"保护原理、矸石"让压性"保护原理、随采场推进的"移动性"保护原理和侧向应力恢复原理,研究同时开采上、下解放层的卸压效果,以确定深部水平能否继续开采。

山东科技大学安昌辉[231]采用FLAC³ᴰ分析了留设煤柱宽度不同时以及地应力大小不一时沿空巷道围岩变形情况,同时分析模拟了沿空巷道的锚杆支护情况,揭示了采动影响下沿空巷道围岩的应力场、变形破坏特征等。

山东科技大学周林生[232]结合济三煤矿63下03工作面综放开采生产实践,采用FLAC³ᴰ软件对不同煤柱尺寸下巷道围岩变形情况进行数值模拟,结果表明:采用全长锚固锚杆对沿空巷道进行支护能改变围岩属性,改善围岩受力状态、增加围压,提高围岩岩石力学性质参数,辅以锚索对煤层较厚区域的补强加固,能够有效地维护综放面沿空巷道。

山东科技大学王本强[233]以鲍店煤矿为原型,通过对开切眼覆岩结构的物理模拟,得到采动覆岩中下位岩层形成了许多以"空间小结构"为主的块体,上位岩层则形成了许多以"空间大结构"为主的块体,"大顶"来压时,基本顶破断形成阶梯状岩层结构,来压强度大,影响范围广,应用锚网桁架锚索支护后,开切眼围岩整体稳定。

综放开采技术在我国得到大力发展,取得了许多可喜的成果,但目前的研究仍比较单一,多集中在采场上覆岩体的变形及活动规律等方面,而对综放开采巷道上方煤(岩)层及围岩的研究较少,理论也还不够成熟。尤其是巷道围岩的变形控制并不是单独存在的,其与巷道上方顶板、煤柱、煤层厚度、端头不放煤段长度等因素都有相互影响,内部的耦合作用机理及规律更是缺少可靠的理论支持。由于研究问题的复杂性,考虑巷道围岩控制的同时还要考虑提高煤炭资源的回收率,因此巷道围岩变形机理及控制的综合性研究难度根据研究因素的个数呈几何倍数的增加,大数据分析也将成为理论分析和数值计算的重要组成部分。本书在总结前人研究经验的基础上,针对综放开采巷道上覆岩体破断结构的特征及其稳定性问题、综放开采巷道煤柱受力变形规律及稳定性分析、综放开采巷道围岩变形机理及其控制技术三个关键性问题,从煤层厚度、合理煤柱宽度、端头不放煤段长度等三个主要影响因素入手,进行规律性分析,为今后的理论研究和现场实践打下良好的基础。

1.4　研究内容

厚松散层特厚煤层综放开采巷道围岩变形机理及控制研究,包含煤(岩)物理力学性能测试、综放开采围岩结构力学模型与力学分析、围岩裂隙发育及破断规律研究、综放开采巷道围岩变形机理分析、综放开采巷道围岩变形控制及实践五项内容。研究主要采取物理力学试验、理论分析、相似材料试验、数值计算、现场工业性试验等手段和方法开展课题研究。

(1) 煤(岩)物理力学性能测试研究

试验设备采用 MTS815 电液伺服岩石力学试验系统、DDL500 电子万能试验机,对煤(岩)样进行物理力学性能测试,分析煤(岩)样变形破坏特征,得到煤(岩)样密度、抗压强度、抗拉强度、弹性模量、泊松比等物理力学参数,并绘制载荷-位移和应力-应变曲线,研究注浆后煤(岩)抗压强度的增强效果;现场调研,对巷道围岩进行钻孔成像测试,分析巷道围岩裂隙扩展规律;为支护设计、煤柱合理尺寸设计、数值计算提供资料。

(2) 综放开采围岩结构力学模型与力学分析

分析综放巷道围岩上覆岩体结构与采场上覆岩体结构的异同点,建立基本顶及上覆岩体的结构力学模型,确定上覆岩体的结构参数及关键块体下沉量的计算公式；构建上覆岩体铰接和切落结构模型，深入研究上覆岩体的变形破断及运动规律，给出巷道围岩关键块体的失稳判据，揭示覆岩结构稳定性对巷道围岩的影响；建立巷道侧煤柱边缘煤体和采空区侧煤柱边缘煤体的力学模型，并推导出煤柱边缘塑性区内应力及塑性区宽度的关系式和区段煤柱合理宽度的计算公式；建立基于不放煤段长度、煤层厚度、煤柱宽度等多因素耦合情况下的弯矩组合方程，并运用能量法，给出结构破坏的能量判据。

（3）综放开采围岩裂隙发育及破断规律研究

采用相似材料模拟试验平台，构建特厚煤层综放开采相似材料试验模型，并基于正交组合试验分析方法设计试验方案，全程采用数字摄影测量技术和数字高速应变采集系统，建立单一关键层和复合关键层覆岩对比分析模型和基于不同煤层厚度和不同煤柱宽度的巷道围岩结构分析模型，分析其位移及应力的分布规律，研究覆岩破断结构及巷道围岩结构的稳定性。

（4）综放开采巷道围岩变形机理分析

采用 UDEC 离散元数值计算分析软件建立单一关键层覆岩和复合关键层覆岩对比分析模型，分析覆岩变形特征，得到覆岩变形特征参数；建立巷道围岩结构模型，分析煤柱宽度、不放煤段长度、煤层厚度等不同组合条件下巷道围岩变形特征，验证理论分析和相似材料试验的结论。

（5）综放开采巷道围岩变形控制及实践

设计厚松散层特厚煤层综放开采巷道围岩支护方案，利用 FLAC³ᴰ 对巷道围岩变形特征进行验证分析，确定最优支护参数，并通过现场工业性试验和实测，得到采动影响下巷道围岩的变形规律，验证厚松散层特厚煤层综放开采巷道围岩变形机理和控制的效果。

1.5 技术路线

本书以理论与技术相结合，从简单到复杂，由基础到深入，紧密联系研究背景和实际条件，针对厚松散层特厚煤层综放开采巷道围岩变形机理及控制研究，以厚松散层特厚煤层大采高综放巷道为研究对象，利用 UDEC、FLAC³ᴰ、MATLAB 等数值计算软件，运用物理力学试验、理论分析、相似材料试验、数值计算、现场工业性试验等手段进行验证及完善，形成集覆岩、顶板、煤柱、巷道多位一体的耦合系统，其具体技术路线如图 1-6 所示。

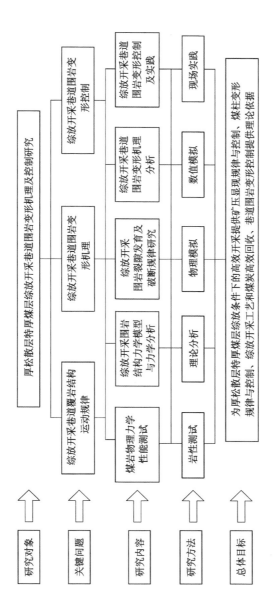

图1-6 技术路线图

1.6　主要创新点

厚松散层特厚煤层综放开采巷道围岩变形机理及控制研究,包括理论分析、物理力学试验、相似材料试验、数值计算、现场工业性试验等多个环节,因此具有系统性、完整性。本书查阅了大量与本课题相关的国内外文献,参考了前人研究成果,结合国家自然基金、国家留学基金、中央高校基本科研业务费专项资金及江苏省研究生培养创新工程等基金项目认真开展各项工作,系统研究了厚松散层特厚煤层巷道围岩变形机理,建立了巷道围岩的力学分析模型,分析了位移、应力、能量等参量的变化规律。本书的主要创新工作和研究成果包括以下几个方面:

(1)建立了基本顶及上覆岩层的结构力学模型,给出了上覆岩体滑落、回转、切落的判据;建立了"内外结构"悬臂梁结构模型,得到了不放煤段长度、煤层厚度、煤柱宽度等多因素耦合情况下的弯矩组合方程,给出了结构破坏的能量判据和顶板切落情况下的动载因数及冲击载荷计算公式。

(2)修正了基于极限平衡理论的煤体边缘力学平衡方程,建立了巷道侧煤柱边缘煤体和采空区侧煤柱边缘煤体的力学模型,推导出了煤柱边缘塑性区内应力及塑性区宽度的关系式和区段煤柱合理宽度的计算公式。

(3)构建了特厚煤层综放开采相似模拟试验模型,分析了位移和应力的分布规律,研究了覆岩破断结构和巷道围岩结构的稳定性,发现了煤层厚度对顶板及上覆岩体的变形量和煤柱宽度对顶板断裂位置的影响,得到了单一关键层和复合关键层的冒落角、位移和应力随推进距离变化及巷道围岩应力随煤柱宽度变化的回归方程。

(4)采用离散元数值计算方法分析了煤柱宽度、不放煤段长度、煤层厚度等不同组合条件下巷道围岩变形特征,得到了覆岩下沉系数随煤层厚度的变化规律,验证了端头不放煤段的悬臂梁结构,给出了两帮和顶底板变形量的关系式,确定了最优的端头不放煤段长度和合理的区段煤柱宽度。设计了支护方案,通过现场工业性试验和实测,验证了厚松散层特厚煤层综放开采巷道围岩变形机理和控制的效果。

2　煤(岩)样物理力学特性

岩石力学试验是岩石力学研究工作的基础,其不仅能够为工程设计和施工提供必不可少的岩石物理力学性质的第一手资料,而且还能为岩石力学课题的理论分析提供客观的物理基础。本试验结合不连沟矿区 6 号煤层,对其岩石物理力学特性进行试验研究,主要内容有:① 煤(岩)样密度试验;② 煤(岩)样单轴抗压强度试验;③ 煤(岩)样抗拉强度试验(巴西法);④ 煤(岩)样三轴压缩及变形试验;⑤ 煤(岩)样液压伺服机注浆压缩试验。试验结果不仅为相似材料模拟试验和数值分析提供参数保障,而且为巷道围岩变形控制提供科学依据。

2.1　试样制备及试验设备

为了研究单轴和三轴作用下煤样的变形破坏规律,将煤样加工成标准试件,如图 2-1 所示。将块状煤样放在岩样钻机上,钻取尺寸为 $\phi50$ mm×100 mm 和 $\phi50$ mm×25 mm 的煤芯。将加工好的煤样,按不同的径高比和不同的组合形式进行试验分组。其中煤样单轴压缩试验和三轴压缩试验用煤样尺寸为 $\phi50$ mm×100 mm,而巴西劈裂试验用煤样尺寸为 $\phi50$ mm×25 mm。试验在 MTS815 试验机上进行,该试验机轴向载荷最大为 4 600 kN,单轴引伸计横向量程 ±4 mm,纵向量程−2.5～+12.5 mm;三轴纵向引伸计量程+8.0～−2.5 mm,轴压、围压及渗透压力的振动频率可达 5 Hz 以上,各测试传感器的测试精度均为当前标定量程点的 0.5%。

图 2-1　煤样标准试件

2.1.1 煤(岩)试样制备

样品首先钻孔取芯,然后切割,接下来端部打磨,保证试件两侧的表面平行、光滑,没有大的划痕。试件加工与试验按照《煤和岩石物理力学性质测定方法》(GB/T 23561)、《煤和岩石单向抗压强度及软化系数测定方法》(MT 44—1987)、《煤和岩石变形参数测定方法》(MT 45—1987)、《煤和岩石单向抗拉强度测定方法》(MT 47—1987)、《岩石耐崩解性指数测定方法》(MT 173—1987)、《煤的真相对密度测定方法》(GB/T 217—2008)执行。首先将煤块夹持在钻石机的加工平台上,用金刚石钻头钻取直径为 50 mm 的煤样。然后用岩石切割机将煤样试件分别锯成高 25 mm、100 mm 的圆柱体,最后在磨石机上将煤样试件两端磨平,研磨时要求试件两端不平行度不得大于 0.01 mm,上、下端直径的偏差不得大于0.02 mm。将加工好的煤样试件按不同的高度比和不同的形式组合。立式取芯机、岩石切割机、磨石机以及部分原煤的实物照片分别如图 2-2 所示。

(a) (b)

(c) (d)

图 2-2 加工设备

(a) XGZS-200 型立式取芯机;(b) DQ1-4 型自动岩石切割机;

(c) SHM-200 型双端面磨石机;(d) 部分原煤

2.1.2　试验设备

（1）DDL500 电子万能试验机

试验研究中,加载控制方法依照相关标准和规范进行设定。对于单轴以及巴西劈裂煤(岩)样加载采取位移加载模式,加载速率为 0.01 mm/s,试验停止临界值设定为煤(岩)样应力峰值的 50%。DDL500 电子万能试验机及操作界面如图 2-3 所示。

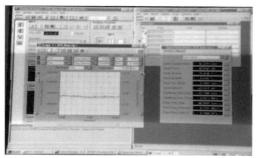

图 2-3　DDL500 电子万能试验机系统

（2）MTS815 电液伺服岩石力学试验系统

MTS815 电液伺服岩石力学试验系统为目前较为先进的室内岩石力学试验设备,该系统可进行多种岩石力学基本参数测定,可完成应力-渗流-温度多场耦合下的岩石常规三轴压缩试验、三轴压缩流变试验、渗流试验及岩石低周期疲劳试验等。该系统主要由主机、多通道控制器、围压控制柜、孔隙压力控制柜、液压油源、主控计算机等组成。本试验的主要应用为:单轴、三轴全应力-应变曲线,加载速率对岩石变形及强度的影响,应力释放及岩爆机理研究,岩石损伤力学试验研究等,系统装备如图 2-4 所示。

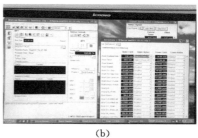

（a）　　　　　　　　　　　　（b）

图 2-4　MTS815 电液伺服岩石力学试验系统
（a）MTS815 试验机;（b）主控计算机

2.2 煤(岩)样物理力学特性

2.2.1 煤(岩)样密度

煤(岩)样密度测定采用标准煤样测试,煤样尺寸规格为 ϕ50 mm×100 mm (直径为 50 mm,高度为 100 mm)的圆柱体,测试结果如表 2-1 所列。

表 2-1　　　　　　　　　　试样密度测试数据

编号	实测直径/mm	实测高度/mm	实测质量/g	密度/(g/cm³)
1	49.22	99.16	245.165	1.300
2	48.64	98.24	238.632	1.308
3	49.32	96.56	246.187	1.335
平均值				1.314

2.2.2 煤(岩)样单轴压缩力学特性

表 2-2 为试验测定的煤(岩)样单轴抗压强度。

表 2-2　　　　　　　　　煤(岩)样单轴压缩试验测定结果

煤(岩)样名称	试样尺寸/mm		试验测定抗压强度/MPa	修正抗压强度/MPa
	直径(长×宽)	高度		
ϕ50×100	48.9	99.4	5.04	5.51
	48.8	101.1	4.70	5.17
	49.2	98.3	5.42	6.21
25×25×50	26.5×26.1	47.3	29.97	30.15
	27.1×25.5	49.7	28.19	29.12
	26.6×26.6	49.4	24.53	25.23
50×50×50	50.4×50.1	50.7	14.64	15.16
	50.2×49.9	50.2	21.27	22.21
	51.3×49.7	49.8	21.74	22.37
80×80×50	80.1×79.3	50.3	22.10	23.13
	80.2×79.3	50.1	19.01	20.01
	79.1×79.5	50.2	18.45	19.87
100×100×50	101.4×101.5	49.9	14.20	15.23
	101.1×100.7	50.4	16.09	16.78
	101.4×101.5	50.0	11.28	13.13

　　根据试验测得煤(岩)样应力应变关系绘制的煤(岩)样载荷-位移曲线和应力-应变曲线,如图 2-5～图 2-9 所示。

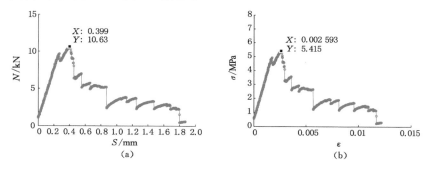

图 2-5　$\phi50\times100$ 圆柱体煤(岩)样曲线
(a) 载荷-位移;(b) 应力-应变

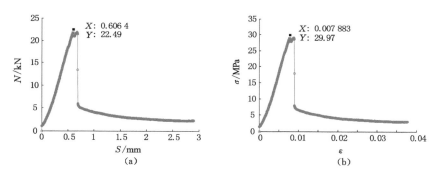

图 2-6　$25\times25\times50$ 立方体煤(岩)样曲线
(a) 载荷-位移;(b) 应力-应变

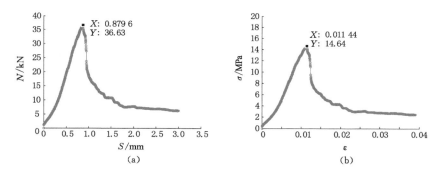

图 2-7　$50\times50\times50$ 立方体煤(岩)样曲线
(a) 载荷-位移;(b) 应力-应变

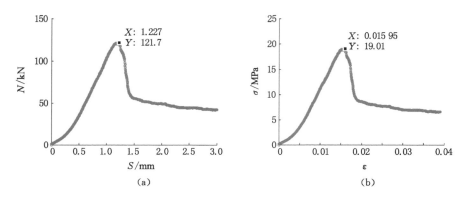

图 2-8　80×80×50 立方体煤（岩）样曲线
(a) 载荷-位移；(b) 应力-应变

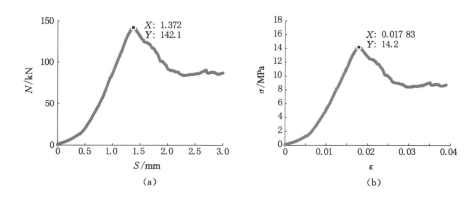

图 2-9　100×100×50 立方体煤（岩）样曲线
(a) 载荷-位移；(b) 应力-应变

　　由图 2-5～图 2-9 可知，煤（岩）样的单轴压缩试验全应力-应变曲线的形状大体上是类似的，一般可分为压密、弹性变形和向塑性变形过渡直到破坏 3 个阶段。加载初期，轴向应力的增加量随轴向应变的增加而增加，曲线呈上凹形状，这是由于煤（岩）样试件中的原始裂隙闭合或者试件端面加工问题产生的。随后，在裂隙、弱节理面都闭合后，应力-应变关系则具有近似于线弹性的性质，由于煤（岩）样中裂隙、节理面等的宽度不一样，闭合的程度也不同，各曲线的线性部分长度也不同；当轴向应变继续增加，且煤（岩）样中的应力超过其最大承载力，试件就开始破裂，应力-应变曲线转向下降，其特点是试件在破坏初期仍保持一定的强度。有的试件在破坏后,应力还有部分回升的现象,这是因为破裂过程中孔隙结晶的崩坍使某些裂隙闭合。

2.2.3　煤(岩)样拉伸力学特性

表 2-3 为试验测定的煤(岩)样抗拉强度(采用巴西劈裂法)。

表 2-3　　　　　　　　　　　煤(岩)样抗拉强度试验测定结果

煤(岩)样名称	试样尺寸/mm		抗拉强度 /MPa
	直径	高度	
L01	48.78	35.50	0.847
L02	49.22	32.78	0.868
L03	49.20	24.60	0.740

根据试验测得煤(岩)样应力应变关系绘制的煤(岩)样载荷-位移曲线和应力-应变曲线,如图 2-10 所示。

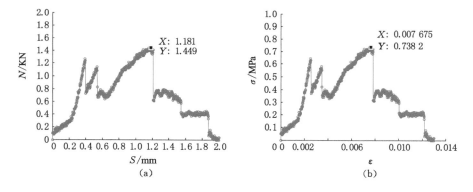

图 2-10　煤(岩)样拉伸试验曲线

(a) 载荷-位移;(b) 应力-应变

从图 2-10 可知,煤(岩)样的拉伸试验应力-应变曲线的形状大体上是类似的,可以与单轴压缩试验一样分为压密、弹性变形和向塑性变形过渡直到破坏 3 个阶段。但是拉伸试验试件在破坏时与单轴压缩是不同的,当达到最大承载能力时,试件是瞬间破坏,由于是采用位移控制模式,在试件破坏后应力还有一定的回升,随着试验的进行最终应力值降为零。

2.2.4　煤(岩)样三轴力学特性

表 2-4 为试验测定的煤(岩)样常规三轴作用下的抗压强度、弹性模量和泊松比。

表 2-4　　　　　　　　　　煤(岩)样常规三轴试验强度测定结果

围压 /MPa	煤(岩)样 名称	试样尺寸/mm		抗压强度 /MPa	修正抗压 强度/MPa	弹性模量 /GPa	泊松比
		直径	高度				
3	S01	49.18	101.50	27.24	29.95	3.26	0.16
3	S02	49.20	98.90	32.30	37.00	3.76	0.28
3	S03	49.10	85.60	35.18	36.44	4.51	0.13

在围压 3 MPa 条件下,测得煤(岩)样应力-应变关系绘制的煤(岩)样载荷-位移曲线和应力-应变曲线,如图 2-11 所示。

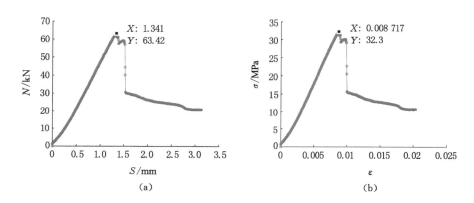

图 2-11　煤(岩)样三轴压缩试验曲线
(a) 载荷-位移曲线;(b) 应力-应变曲线

从图 2-11 可知,煤(岩)样在不同围压下的轴向应力-应变全过程曲线形状是类似的,可以划分为 4 个阶段:压密阶段、弹性变形阶段、塑性阶段和破坏阶段。第一阶段在开始施加轴向压力时,煤(岩)样被压密,部分裂隙闭合,应力-应变曲线微向下弯曲。第二阶段,煤(岩)样表现出明显的线弹性,随围压增大,线弹性部分长度增长。第三阶段,煤(岩)样内部开始产生微裂隙,煤(岩)样进入塑性阶段,裂隙随加载载荷增加加速扩展,最终裂隙汇合贯通使煤(岩)样破坏。第四阶段试件破坏后,煤(岩)样的承载能力没有完全丧失,还具有一定的承载能力,强度减弱到残余强度,而且残余强度随围压增大而增大,这主要是由于在围压作用下,孔隙裂隙被压密闭合,而使煤(岩)样刚度和强度加大造成的。

2.2.5 注浆煤(岩)样压缩力学特性

表 2-5 为试验测定的注浆后煤(岩)样单轴抗压强度和弹性模量。

表 2-5 注浆后煤(岩)样单轴压缩试验测定结果

组别	煤(岩)样编号	抗压强度/MPa	弹性模量/MPa
未注浆裂隙较发育煤样	试样 01	3.90	534
	试样 02	4.26	872
	试样 03	3.61	917
注浆压力 1.5 MPa	试样 04	4.62	855
	试样 05	4.51	574
	试样 06	4.18	540
注浆压力 2.0 MPa	试样 07	6.00	1 470
	试样 08	6.21	937
	试样 09	5.53	668
注浆压力 2.5 MPa	试样 10	7.19	1 029
	试样 11	7.19	1 014
	试样 12	6.11	1 078
注浆压力 3.0 MPa	试样 13	11.14	1 529
	试样 14	8.04	846

煤(岩)样注浆试验中,根据注浆压力的不同,将试件分为 5 组,分别为裂隙较发育的原煤试件和注浆压力 1.5 MPa、2.0 MPa、2.5 MPa、3.0 MPa 的试件。根据试验测得煤(岩)样应力-应变关系绘制的煤(岩)样载荷-位移曲线和应力-应变曲线,如图 2-12~图 2-16 所示。

由图 2-12~图 2-16 可以看出:

① 未注浆的煤(岩)样单轴抗压强度较注浆后的煤样偏低,说明对较破碎岩体进行注浆可以提高煤(岩)体的整体抗压强度。

② 通过对不同注浆压力下的煤(岩)体抗压强度对比可以看出,在裂隙发育程度相似的情况下,随注浆压力的增大,注浆后煤(岩)体的整体抗压强度增大,这是由于注浆压力越大,浆液扩散范围越大,煤(岩)体的整体强度增大效果越明显。

③ 在峰后残余强度方面,注浆后的煤(岩)样的峰后仍能有一定的强度,峰后卸载速度与完整性好的原煤(岩)试件相比较小,塑性阶段较为明显。

④ 在弹性阶段,部分试样出现非线性的增大趋势,说明在煤(岩)样微小裂

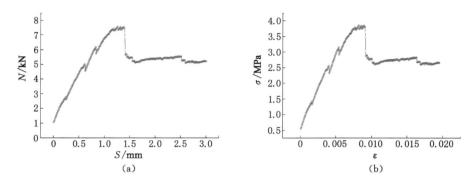

图 2-12　未注浆裂隙较发育煤(岩)样单轴压缩力学特征曲线

(a) 载荷-位移；(b) 应力-应变

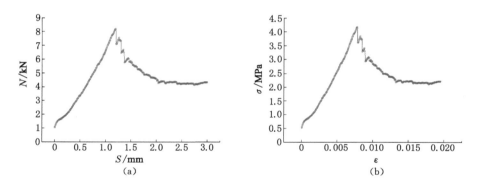

图 2-13　注浆压力 1.5 MPa 裂隙较发育煤(岩)样单轴压缩力学特征曲线

(a) 载荷-位移；(b) 应力-应变

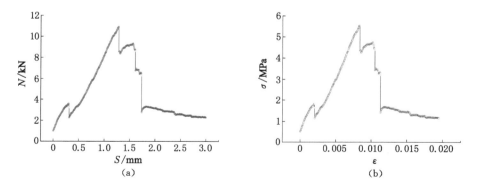

图 2-14　注浆压力 2.0 MPa 裂隙较发育煤(岩)样单轴压缩力学特征曲线

(a) 载荷-位移；(b) 应力-应变

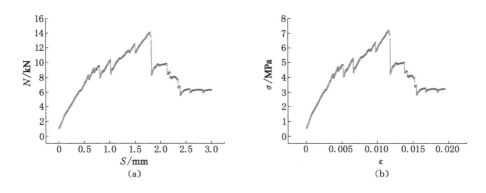

图 2-15　注浆压力 2.5 MPa 裂隙较发育煤(岩)样单轴压缩力学特征曲线
(a) 载荷-位移;(b) 应力-应变

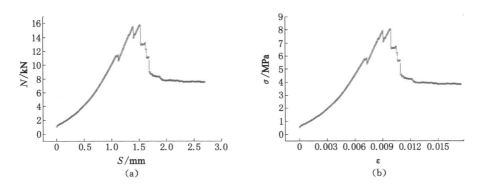

图 2-16　注浆压力 3.0 MPa 裂隙较发育煤(岩)样单轴压缩力学特征曲线
(a) 载荷-位移;(b) 应力-应变

隙位置,弱面两个岩壁间的张开度过小,浆液扩散不充分,在加载过程中,原有裂隙扩展,导致前期试件部分破坏。

2.3　煤(岩)样试件破坏特征

2.3.1　单轴压缩试验破坏特征

煤(岩)样试件在单轴压缩条件下表现为脆性张裂破坏,随着载荷的增加,煤(岩)样便进入剪切破坏,破坏时伴随有较大的声响和震动。图 2-17、图 2-18 所示是煤(岩)样单轴压缩试验破坏形式。

图 2-17　$\phi 50 \times 100$ 圆柱体煤（岩）样单轴压缩试验破坏形式

图 2-18　$\phi 50 \times 50$ 圆柱体煤（岩）样单轴压缩试验破坏形式

从图 2-17、图 2-18 可以看出煤（岩）样的破坏机制表现出明显的差异：

① 在单轴压缩条件下，煤（岩）样试件呈典型的脆性张拉破坏，即破裂面平行于主应力作用力方向。

② 随着载荷的增加，煤（岩）样试件由剪张破坏（即以张破坏为主，剪破坏为辅的破坏形式）变为张剪破坏（即剪破坏为主，张破坏为辅的破坏形式），然后向典型的剪切破坏转化。

2.3.2　巴西劈裂试验破坏特征

由于夹持试件困难，确定岩石的抗拉强度一般不采用直接拉伸试验，而多采用间接的方法。劈裂试验又称巴西法，是岩石力学试验规程推荐的抗拉强度测试方法，属于间接拉伸试验，如图 2-19、图 2-20 所示。试验通过对圆饼状试件进行径向加载，使之劈裂而求得岩石的抗拉强度。因该方法简便易行，故在国内外广泛应用。

从图 2-20 可以看出，煤（岩）样试件通常不是沿对称轴破裂，而是沿对称轴的一侧破裂，有时两侧同时破裂，这是因为：

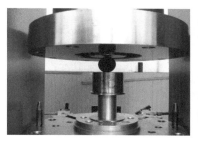

图 2-19　巴西劈裂试验示意图

图 2-20　煤(岩)样巴西劈裂试验破坏形式

① 圆饼状试件的上下加载压头之间的距离(即压头高度)小于 50 mm,压头平面不平整度小于 0.05 mm,而试件达到破裂的压缩变形为 0.5 mm 左右。显然压头的加工质量对圆饼状试件的破裂形状有一定的影响。

② 圆饼状试件与电子液压万能实验机压头间存在端部摩擦。

③ 尽管安放试件非常仔细,但加载压头中心与平台的对称轴中心难以保证完全对准、重合,因此,必然会引起破裂形状的差异。

2.3.3　三轴压缩试验破坏特征

围压除了对煤(岩)样的强度特性产生影响外,也对煤(岩)样的破坏机制有影响。图 2-21 是三轴压缩试验示意图,图 2-22 是煤(岩)样常规三轴试验破坏形式。

从图 2-22 可以看出:

① 在围压加载条件下,煤(岩)样试件呈典型的脆性张破坏,即破裂面平行于主应力作用力方向。

② 随着轴向载荷的增加,煤(岩)样试件由剪张破坏(即以张破坏为主,剪破坏为辅的破坏形式)到张剪破坏(即剪破坏为主,张破坏为辅的破坏形式),然后

图 2-21　三轴压缩试验示意图

图 2-22　煤(岩)样常规三轴试验破坏形式

向典型的剪切破坏转化。

③ 随着载荷增加到较大值,煤(岩)样试件有塑性破坏的趋势,剪切破裂面上有很多岩粉,破裂面交汇处有较大范围的挤压粉碎区,并伴随有侧向的膨胀。

2.3.4　注浆压缩试验破坏特征

对注浆后的试件进行单轴压缩试验,在加载过程中,观察裂隙的扩展趋势,并对试验后的试件裂隙情况进行拍照分析,如图 2-23～图 2-27 所示。

由图 2-23～图 2-27 所观察的裂隙扩展状况可以得出:未注浆试件在进行单轴压缩的过程中,裂隙主要由试件原有裂隙发展而来,且其承载能力较差;注浆后的试件在单轴压缩的过程中,原有大裂隙位置由于注浆加固的原因并未产生明显破坏,在加载初期,煤样中原有小裂隙由于浆液扩散不充分,导致部分破坏,从而使试件承载面积减小,增加了试件的轴向应力,随载荷的增加,产生新的断裂面,从而造成了注浆后试件一般都具有多个破坏面的情况。

图 2-23 未注浆裂隙较发育煤(岩)样单轴压缩试验破坏形式

图 2-24 注浆压力 1.5 MPa 煤(岩)样单轴压缩试验破坏形式

图 2-25 注浆压力 2.0 MPa 煤(岩)样单轴压缩试验破坏形式

图 2-26　注浆压力 2.5 MPa 煤(岩)样单轴压缩试验破坏形式

图 2-27　注浆压力 3.0 MPa 煤(岩)样单轴压缩试验破坏形式

2.4　煤(岩)物理力学参数

6 号煤层围岩物理力学参数测试结果见表 2-6～表 2-9。

表 2-6　　　　　　　　　　　6 号煤层试件物理性质测试结果

项目 样别		视密度 /(kg/m³)	真密度 /(kg/m³)	含水率 /%	自然吸水率 /%
煤层顶部 3 m 处	1	1 301.26	1 516.30	9.05	23.62
	2	1 326.66	1 510.57	10.45	21.06
	3	1 348.03	1 519.76	10.22	21.12
	平均值	1 325.00	1 516.00	9.91	21.93

续表 2-6

项目　样别		视密度/(kg/m³)	真密度/(kg/m³)	含水率/%	自然吸水率/%
煤层顶部3～6 m处	1	1 312.76	1 531.39	9.14	18.96
	2	1 310.28	1 533.74	10.39	32.68
	3	1 297.80	1 525.55	9.68	24.16
	平均值	1 370.00	1 530.00	9.74	25.27
煤层顶部6～9 m处	1	1 275.02	1 495.89	7.57	22.59
	2	1 269.98	1 484.78	7.60	10.13
	3	1 297.82	1 503.76	—	26.11
	平均值	1 274.00	1 495.00	7.59	19.61
煤层顶部9～12 m处	1	1 398.66	1 469.51	9.52	23.09
	2	1 371.84	1 484.78	8.70	24.12
	3	1 414.10	1 479.29	8.67	24.83
	平均值	1 395.00	1 478.00	8.96	24.01
煤层顶部12～15 m处	1	1 281.80	1 544.40	9.84	22.69
	2	1 297.24	1 534.92	12.02	24.87
	3	1 277.56	1 542.02	9.18	24.64
	平均值	1 286.00	1 540.00	10.35	24.07
煤层顶部15～18 m处	1	1 262.07	1 447.18	11.47	22.81
	2	1 281.44	1 450.33	12.61	22.26
	3	1 302.26	1 453.49	11.18	23.28
	平均值	1 282.00	1 450.00	11.75	22.78

表 2-7　　　　　　　　　6 号煤层试件力学性质测试结果

项目　样别		单轴抗压强度/MPa	单轴抗拉强度/MPa	弹性模量/GPa	泊松比	黏聚力/MPa	内摩擦角/(°)	强度公式
煤层层顶部3 m处	1	22.49	0.35	2.79	0.34	2.60	33.2	$\tau = 2.60 + \sigma \cdot \tan 33.2°$
	2	20.45	0.28	3.00	0.40			
	3	21.47	1.28	2.74	0.40			
	平均	21.47	0.64	2.84	0.38			

样别 \ 项目		单轴抗压强度/MPa	单轴抗拉强度/MPa	弹性模量/GPa	泊松比	黏聚力/MPa	内摩擦角/(°)	强度公式
煤层顶部3～6 m处	1	15.10	1.14	2.18	0.22	2.40	37.7	$\tau = 2.40 + \sigma \cdot \tan 37.7°$
	2	12.60	0.96	2.16	0.26			
	3	4.18	0.74	1.61	0.46			
	平均	10.60	0.95	1.98	0.31			
煤层顶部6～9 m处	1	4.28	1.06	2.62	0.49	3.78	31.7	$\tau = 3.78 + \sigma \cdot \tan 31.7°$
	2	9.43	0.46	1.89	0.37			
	3	15.79	0.48	2.23	0.33			
	平均	9.83	0.67	2.25	0.40			
煤层顶部9～12 m处	1	12.89	0.55	2.42	0.23	2.67	32.0	$\tau = 2.67 + \sigma \cdot \tan 32.0°$
	2	15.72	0.92	2.39	0.26			
	3	15.31	1.02	3.12	0.25			
	平均	14.64	0.83	2.64	0.25			
煤层顶部12～15 m处	1	17.78	1.25	3.15	0.39	3.26	30.9	$\tau = 3.26 + \sigma \cdot \tan 30.9°$
	2	14.79	1.51	3.30	0.39			
	3	17.22	0.39	3.47	0.48			
	平均	16.60	1.05	3.31	0.42			
煤层顶部15～18 m处	1	15.80	1.15	2.87	0.34	2.69	32.3	$\tau = 2.69 + \sigma \cdot \tan 32.3°$
	2	13.51	1.40	2.47	0.20			
	3	13.51	1.31	4.48	0.32			
	平均	14.27	1.29	3.27	0.29			

表 2-8 　　　　　　　6 号煤层顶板及夹矸试件物理性质测试结果

样别 \ 项目		视密度/(kg/m³)	真密度/(kg/m³)	含水率/%	自然吸水率/%
粗粒砂岩顶板厚21.0 m	1	2 224.52	2 673.80	0.30	5.58
	2	2 242.89	2 669.04	0.27	5.39
	3	2 233.55	2 665.24	0.29	5.50
	平均值	2 234.00	2 669.00	0.29	5.49

续表 2-8

样别 项目		视密度 /(kg/m³)	真密度 /(kg/m³)	含水率 /%	自然吸水率 /%
粗、中粒砂岩顶板 厚 30.25 m	1	2 542.03	2 660.99	0.65	2.15
	2	2 547.43	2 655.81	0.46	2.79
	3	2 522.41	2 655.34	0.49	3.17
	平均值	2 537.00	2 657.00	0.53	2.70
粉砂岩顶板 厚 2.5 m	1	2 471.25	2 563.66	0.81	3.30
	2	2 470.02	2 581.31	0.66	3.43
	3	2 458.57	2 577.76	0.81	3.40
	平均值	2 467.00	2 574.00	0.76	3.38
炭质泥岩顶板 厚 6.7 m	1	2 289.32	2 564.98	4.03	7.25
	2	2 274.82	2 564.10	4.56	9.53
	3	2 296.71	2 567.17	4.87	9.29
	平均值	2 287.00	2 565.00	4.49	8.69
夹矸层岩样	1	2 066.98	2 673.80	5.56	9.88
	2	2 069.28	2 669.04	7.81	19.05
	3	2 046.18	2 665.24	6.75	12.65
	平均值	2 047.00	2 669.00	6.71	13.86

表 2-9　　　　　6 号煤层顶板及夹矸试件力学性质测试结果

样别 项目		轴向抗压 强度/MPa	轴向抗拉 强度/MPa	弹性模 量/GPa	泊松比	黏聚力 /MPa	内摩擦 角/(°)	强度公式
粗粒砂岩 顶板厚 21.0 m	1	36.08	1.20	11.97	0.47	2.52	35.5	$\tau = 2.52 + \sigma \cdot \tan 35.5°$
	2	34.54	2.56	13.18	0.39			
	3	34.02	2.56	11.26	0.43			
	平均	34.88	2.11	12.14	0.43			
粗、中粒砂 岩顶板厚 30.25 m	1	96.11	2.46	48.78	0.21	14.10	30.7	$\tau = 14.10 + \sigma \cdot \tan 30.7°$
	2	111.96	9.83	48.84	0.32			
	3	115.03	5.62	51.92	0.24			
	平均	107.70	5.97	49.85	0.26			

样别 \ 项目		轴向抗压强度/MPa	轴向抗拉强度/MPa	弹性模量/GPa	泊松比	黏聚力/MPa	内摩擦角/(°)	强度公式
粉砂岩顶板厚2.5 m	1	64.97	1.60	27.86	0.23	4.40	32.3	$\tau=4.40+\sigma \cdot \tan 32.3°$
	2	84.72	3.22	29.61	0.23			
	3	51.46	1.66	40.00	0.18			
	平均	67.05	2.16	32.49	0.21			
炭质泥岩顶板厚6.7 m	1	41.41	1.83	19.28	0.22	—		
	2	49.59	1.31	17.15	0.26			
	3	18.66	1.99	22.95	0.25			
	平均	36.55	1.71	19.79	0.24			
夹矸层岩样	1	29.38	1.08	7.57	0.12	1.25	43.5	$\tau=1.25+\sigma \cdot \tan 43.5°$
	2	—	2.31	—	—			
	3	—	2.93	—	—			
	平均	29.38	2.11	7.57	0.12			

2.5 巷道围岩钻孔成像分析

岩体中存在着许多不连续结构面,控制着岩体变形、破坏及其力学性质,而且岩体结构对岩体力学性质的控制作用远远大于岩石材料的控制作用。因此在岩体工程中,研究岩体的变形和力学性质前,必须对围岩体的结构如层理、节理、裂隙等进行详细的了解。准格尔煤田具有石炭系和白垩系共同特点,基岩薄、煤层厚、煤质松散破碎、岩性复杂,采用钻孔窥视仪进行全断面钻孔窥视,对了解巷道围岩岩性特征有重要意义。

F6103 辅助运输巷 480 m,距正帮 1.5 m,顶板垂直打孔,310# 钻孔成像图如图 2-28 所示。

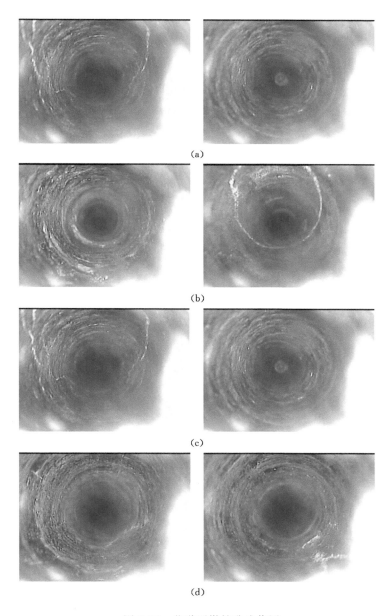

图 2-28 巷道顶煤钻孔成像图

(a) 距巷道顶板 0～1 m 范围内顶煤钻孔窥视照片；

(b) 距巷道顶板 1～2 m 范围内顶煤钻孔窥视照片；

(c) 距巷道顶板 2～3 m 范围内顶煤钻孔窥视照片；

(d) 距巷道顶板 3～4 m 范围内顶煤钻孔窥视照片

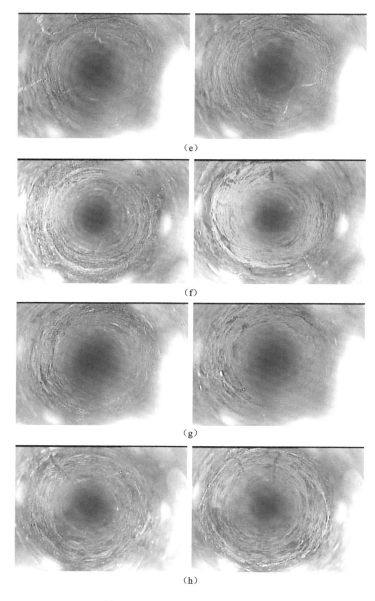

（e）

（f）

（g）

（h）

续图 2-28　巷道顶煤钻孔成像图

（e）距巷道顶板 4～5 m 范围内顶煤钻孔窥视照片；

（f）距巷道顶板 5～6 m 范围内顶煤钻孔窥视照片；

（g）距巷道顶板 6～7 m 范围内顶煤钻孔窥视照片；

（h）距巷道顶板 7～8 m 范围内顶煤钻孔窥视照片

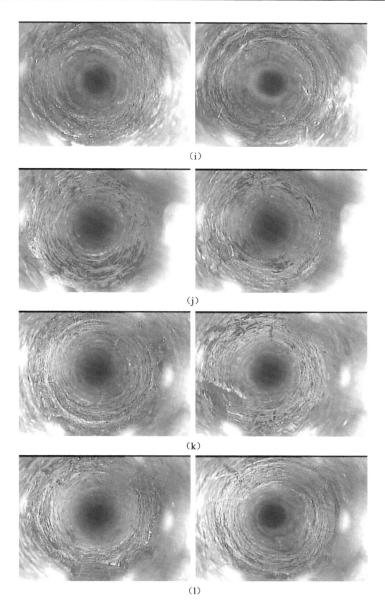

续图 2-28 巷道顶煤钻孔成像图

(i) 距巷道顶板 8~9 m 范围内顶煤钻孔窥视照片；

(j) 距巷道顶板 9~10 m 范围内顶煤钻孔窥视照片；

(k) 距巷道顶板 10~11 m 范围内顶煤钻孔窥视照片；

(l) 距巷道顶板 11~12 m 范围内顶煤钻孔窥视照片

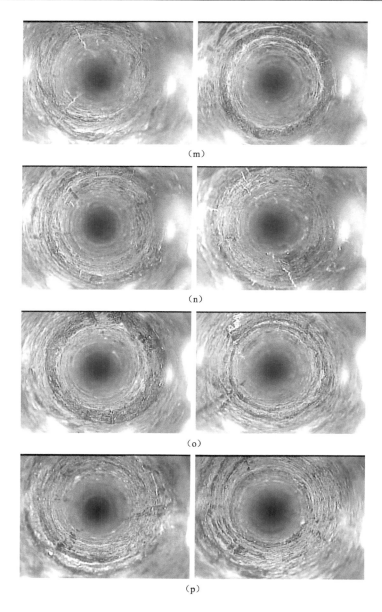

续图 2-28　巷道顶煤钻孔成像图
（m）距巷道顶板 12～13 m 范围内顶煤钻孔窥视照片；
（n）距巷道顶板 13～14 m 范围内顶煤钻孔窥视照片；
（o）距巷道顶板 14～15 m 范围内顶煤钻孔窥视照片；
（p）距巷道顶板 15～16 m 范围内顶煤钻孔窥视照片

绘制钻孔成像剖面图,如图 2-29 所示。

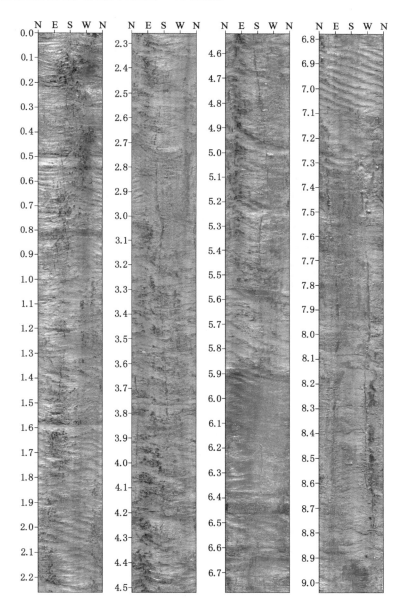

图 2-29 钻孔成像剖面图

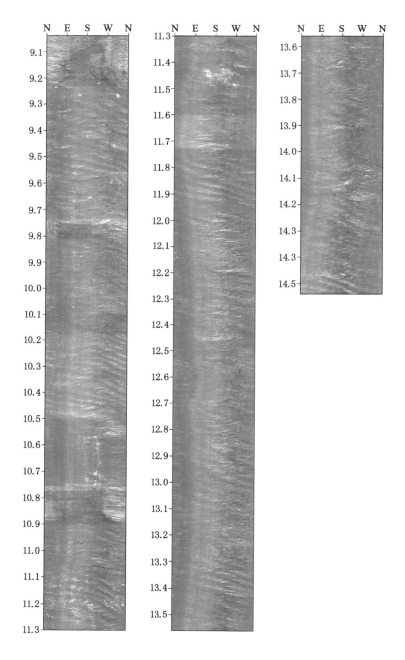

续图 2-29　钻孔成像剖面图

钻孔描述如下：

① 0.001～0.212 m 围岩较破碎。

② 0.242～1.543 m 处出现一竖向发育裂隙,裂隙长度 130.0 cm,裂隙宽度 0.546 cm,倾向 NE101.77°,倾角∠85.60°。

③ 2.557～4.141 m 处出现不连续竖向裂隙,2.557～3.749 m 处裂隙长度 119.2 cm,倾向 NW198.99°,倾角∠85.20°;3.650～4.141 m 处裂隙长度 49.1 cm,倾向 NE27.34°,倾角∠78.48°。

④ 4.154～5.919 m 处出现一较长竖向发育裂隙,裂隙长度 176.5 cm,裂隙宽度 0.546 cm,倾向 NW198.99°,倾角∠0.76°。

⑤ 7.084～8.281 m 处出现不连续竖向裂隙,7.084～7.526 m 处裂隙长度 44.2 cm,倾向 NE63.80°,倾角∠77.25°;7.216～8.281 m 处裂隙长度 106.5 cm,倾向 NW262.78°,倾角∠84.64°。

⑥ 8.295～8.803 m 处有一轻微竖向裂隙,裂隙长度 50.8 cm,倾向 NW279.49°,倾角∠78.86°。

⑦ 10.562～10.899 m 处有一较细竖向裂隙,裂隙长度 33.7 cm,倾向 NE95.70°,倾角∠73.49°。

2.6　小结

对煤(岩)进行了实验室物理力学特性试验研究,分析了煤(岩)样变形破坏特征,得到了煤(岩)样密度、抗压强度、抗拉强度、弹性模量、泊松比等物理力学参数;给出了载荷-位移和应力-应变曲线;验证了注浆后煤(岩)抗压强度的增强效果。

3 综放开采围岩结构力学模型与力学分析

综放开采巷道围岩变形机理研究包括两个重点问题,一是综放开采巷道上覆岩体破断结构的特征及其稳定性,二是综放开采巷道围岩变形规律及稳定性分析,两者相辅相成,存在着内在的联系。上区段综放工作面开采过后,采场上覆岩体垮落,基本顶岩层倾斜断裂在煤体内部,形成以基本顶及以上岩层组成的上覆岩体"外结构",在其下方的煤层中有由煤柱、煤柱左右两侧预先掘好的辅助运输巷和运输巷、运输巷端头的不放煤段(特厚煤层一般4～6架)四部分共同组成的"内结构"。上区段综放工作面的开采,"外结构"的稳定性发生变化,转移的部分载荷直接作用在"内结构"上,使其原来的平衡被打破,应力将重新分布和调整,影响巷道的稳定性,将导致巷道(辅助运输巷)围岩发生变形。而在此之后,待上区段工作面开采完毕、下区段工作面开采时,巷道(辅助运输巷)将受到二次采动的影响,巷道变形将更加严重,支护将更加困难。为此,研究覆岩和巷道围岩的结构力学特征及变形规律对维护巷道围岩的稳定有重要意义。

3.1 巷道上覆岩体结构稳定性分析

3.1.1 巷道上覆岩体结构破断特征

(1) 巷道上覆岩体结构与采场上覆岩体结构的异同点

"外结构"是指巷道外部较大范围的围岩结构,具体包括直接顶、基本顶和作用在基本顶上的载荷岩层。中国矿业大学钱鸣高院士提出了关键层理论并得出了符合强度条件和刚度条件的关键层判别准则及方法。关键层理论的基本原理和方法同样适用于综放开采巷道围岩上覆岩体外结构的稳定性研究。但是,综放开采巷道上覆岩体结构与采场的上覆岩体结构有许多不同之处,概括如下:

① 方向性不同。采场的上覆岩体关键层结构是沿工作面的推进方向,其稳定性主要与岩层的力学性质和工作面开采技术有关[234];而巷道上覆岩体关键层结构则是垂直于工作面推进的方向,由于侧向断裂线的位置位于煤体上方,其结构("外结构")的稳定性不仅受到自身岩性及开采技术的影响,还要受到下部

煤体结构("内结构")的影响,巷道围岩的受力状态主要与上覆岩体的破坏形式有关。

② 采动影响不同。伴随采煤工作面的不断推进,采场上覆岩体的结构运动的影响区间是在采煤工作面前后方一定范围内,只经历一次"破断—运动—稳定"过程;而辅助运输巷(或称"煤柱巷")及煤柱所在位置的煤体在巷道掘进时就要受到动载影响,在上区段回采时又要受到上覆岩体一次采动的影响,直到上区段工作面开采完毕,再次受到下区段工作面上覆岩体第二次采动的影响。

③ 上覆岩体结构和关键块的受力不同。由于综放工作面的上、下巷道各有2～4架不放煤,特别是特厚煤层综放工作面,端头不放煤达到5～6架,不放煤段长度超过 10 m,因此,巷道及煤柱附近顶煤和直接顶垮落的高度比采场要小,上覆岩体结构和关键块的受力也与采场不同。

④ 破断结构及失稳特征不同。上区段工作面回采后,巷道及煤柱所在位置的上覆岩体处于固支边与自由边的交界处,其上覆关键层断裂会形成弧形三角板,与采场关键层的破断的矩形块体有区别。

⑤ 对巷道上覆岩体稳定性影响最大的关键层不同。巷道上覆岩体稳定性不仅受到基本顶上部岩体破断失稳的影响,同时受到工作面端头基本顶破断后形成的弧形三角块体的影响。

(2)巷道上覆岩体破断结构

特厚煤层综放工作面一般具有超长的倾向长度和走向长度,工作面开采过程中,动压显现明显。煤矿为了生产接替,在上区段开采前,下区段工作面的辅助运输巷已经超前掘进,因此,特厚煤层综放开采条件下的辅助运输巷将受到一次掘巷影响和两次采动影响,同时又有大采高、大采放比、围岩破碎等特点,巷道支护难度非常大。图 3-1 为综放工作面采场俯视图。

图 3-1 中红圈标注部位是重点研究的位置。左侧为下区段未开采工作面,下区段工作面右侧是已提前掘好为下区段开采服务的辅助运输巷,辅助运输巷右侧为区段煤柱,区段煤柱右侧是上区段工作面开采过后遗留下来的原运输巷;原运输巷前方为正在开采的上区段综放工作面,后方为上区段稳定的采空区深部。

巷道上覆岩体通过巷道顶煤、煤柱及端头不放煤段与巷道发生作用,当上区段工作面开采后,上覆岩体的垮落特征、垮落后的赋存状态在一定程度上取决于基本顶岩层的断裂特征及其垮落后的赋存状态[235]。因此,对基本顶岩层的断裂特征进行研究,有助于发掘巷道上覆岩体的破断及垮落规律。而伴随上、下区段综放工作面的开采,巷道上覆岩体的断裂过程如图 3-2 所示。

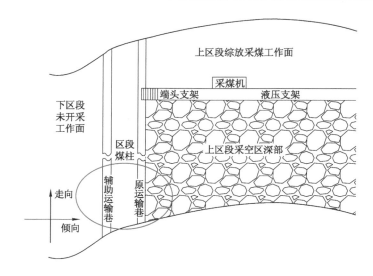

图 3-1　综放工作面采场俯视图

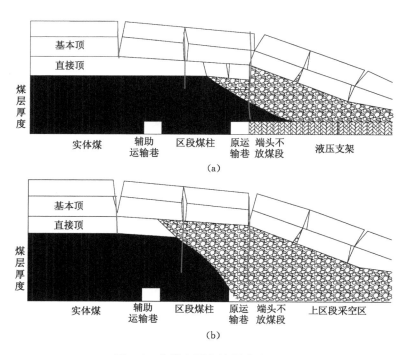

图 3-2　巷道上覆岩体断裂过程图

（a）上区段工作面开采；（b）上区段工作面开采过后的采空区深部

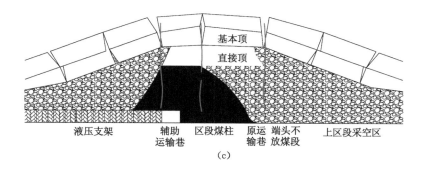

续图 3-2　巷道上覆岩体断裂过程图

（c）下区段工作面开采

综上可见,图 3-2(b)在上区段和下区段开采过程中,起着承上启下的传递作用,在这个过程中,辅助运输巷经历了上区段工作面的采动影响,又要为下区段工作面开采做准备。在此基础上,建立巷道上覆岩体结构模型进一步分析。

3.1.2　巷道上覆岩体结构力学模型

（1）关键块体 B 力学模型的建立

辅助运输巷一侧为下区段未开采的实体煤,另一侧为煤柱、原运输巷、端头不放煤长度及上区段采空区。根据基本顶的破断、运动特征,结合图 3-3 对Ⅰ断面进行结构简化,如图 3-4 所示。

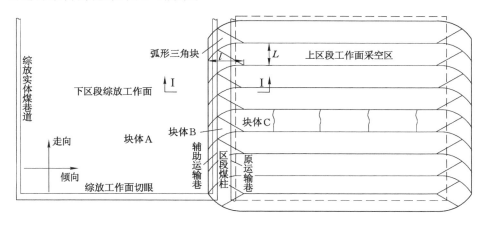

图 3-3　巷道与上覆岩体结构的平面关系俯视图

图 3-3 中,块体 A 为下区段综放工作面上方基本顶岩层,块体 B 为上区段综放工作面采空区侧的弧形三角板,块体 C 为上区段工作面采场 O-X 破断块。

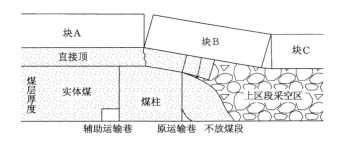

图 3-4　综放巷道上覆岩体结构模型

直接顶垮落后,基本顶岩层发生断裂失稳,一般偏向煤体内侧破断,可能发生滑落、回转、切落等失稳形态,在基本顶岩层破坏过程中,其上覆岩体也随之发生垮落。上区段综放工作面开采完毕后,其采空区与下区段工作面煤柱连接处,基本顶发生破断,弧形三角块 B 的一端失稳后在采空区触矸,另一端在下区段的煤壁里断裂,岩块 B 有一定的下沉,但它与岩块 A、岩块 C 互相咬合,形成铰接结构。由此可见,岩块 B 对覆岩结构的稳定性是非常重要的,称之为关键块,下面将进一步对关键块 B 的结构参数进行研究。

（2）关键块体 B 参数研究

综放开采巷道上覆岩体结构破断形式与煤层、直接顶、基本顶及上部岩体的性质、煤层厚度、端头不放煤长度等有关。对巷道围岩稳定性影响最大的是基本顶的弧形三角块 B,可以将弧形三角块体转化为等腰三角块,在煤壁内的边长为工作面的周期来压步距,另外两边相等。关键块体 B 服从 S-R 稳定性原理,三角块体 B 可由多个分块体共同组成,其内部存在多种结构形态,其内部块体的变形形态与煤层厚度、岩层性质、煤柱宽度、不放煤段长度、巷道宽度等多种因素有关,根据影响因素的不同,三角块体 B 可发生滑落、回转、切落等多种变形形态。

① L 的确定

关键块体 B 沿工作面推进方向的长度 L 为:

$$L = h \sqrt{\frac{R_t}{3q}} \tag{3-1}$$

式中　h——基本顶厚度,m;

　　　q——基本顶单位面积承受的载荷,MPa;

　　　R_t——基本顶的抗拉强度,MN/m²。

② l 的确定

关键块体 B 在侧向的断裂跨度 l 是指随着煤层的采出,基本顶岩层断裂后在采场侧向形成的悬跨度。根据板的屈服线分析法,认为板的断裂跨度 l 与基本顶的周期来压步距 L 和综放面长度 S 相关,则 l 的长度为:

$$l = \frac{2L}{17}\left[\sqrt{\left(10\ \frac{L}{S}\right)^2 + 102} - 10\ \frac{L}{S}\right] \tag{3-2}$$

根据以往研究表明,当 $S/L>6$ 时,关键块体 B 的侧向跨度 l 与周期来压步距基本相等。对综放采场来说,综放工作面的长度 S 一般为 $120\sim240$ m,基本顶的周期来压步距 L 一般为 $10\sim20$ m,即 S/L 为 $6\sim12$。故可认为,在上述条件下基本顶岩层的侧向跨度 l 与基本顶的周期来压步距 L 近似相等,即 $l\approx L$。

③ h 的确定

关键块体 B 的厚度 h 与基本顶岩层的厚度相同。

④ 基本顶的断裂位置

基本顶在侧向煤壁内的断裂位置是一个重要的参数,其对巷道三角块结构的稳定性影响很大,它影响巷道围岩的完整性、煤柱合理宽度的确定、不放煤段长度的确定、上区段采空区侧向煤体中的应力分布规律及外部力学环境。影响基本顶断裂线位置的因素有很多,主要有原岩的应力状态、采深、采高、直接顶及基本顶的力学性质和厚度等。

(3) 关键块体 B 下沉量研究

根据图 3-4 的巷道围岩上覆岩体结构模型,建立巷道围岩初始平衡分析模型,如图 3-5 所示,分析关键块体 B 的触矸情况[237]。

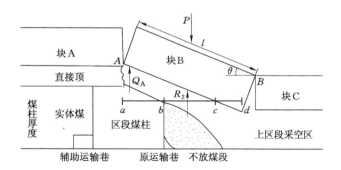

图 3-5 巷道围岩初始平衡分析模型

A——基本顶的断裂位置;B——关键块体 B 与块 C 的铰接处;d——基本顶在采空区的触矸位置;

θ——关键岩块的回转角;Q_A——实体煤侧煤体的支反力;R_2——未放煤段的支反力;

l——基本顶岩层的断裂跨度;P——关键块体 B 上的载荷;ab——基本顶在煤体中断裂距离;

bc——未放煤段

关键块体 B 在未放煤段 c 处的下沉量 S_c 为：

$$S_c = m_c - [m_d(K_m-1) + m_z(K_z-1)] \tag{3-3}$$

巷道上覆岩体垮落后，关键块体 B 在采空区触矸 d 处给定的下沉量 S_d 为：

$$S_d = (m_c + m_d) \cdot [1 - K_m(1-\eta_c)] - m_z(K_z-1) \tag{3-4}$$

式中　m_c——煤层采高，m；

$\quad\quad m_d$——顶煤厚度，m；

$\quad\quad m_z$——直接顶的厚度，m；

$\quad\quad \eta_c$——工作面的采出率，按 80% 计算；

$\quad\quad K_z$——直接顶的碎胀系数，取 $K_z = 1.2$；

$\quad\quad K_m$——煤体的碎胀系数，取 $K_m = 1.3$。

3.1.3　上覆岩体铰接结构力学分析

前人对采场上覆岩体动态结构研究做了大量的研究工作，提出了"压力拱"假说、"悬臂梁"假说、"铰接岩块"假说以及岩体"预成裂隙"假说等一系列理论。巷道上覆岩体结构的破断有别于采场，尤其是特厚煤层、大采高、大采放比条件下的岩体结构更是表现出与以往研究不同的性质。针对特厚煤层条件下上覆岩体结构的稳定性分析，借鉴钱鸣高院士的"关键层理论"，通过理论推导及现场实测等手段，建立关于关键块体 B 的力学分析模型，给出巷道围岩关键块体的滑落和回转失稳判据。

（1）基本顶岩梁铰接结构模型

浅埋厚煤层巷道上覆岩体关键层破断后，形成的岩块比较短，岩块的块度 i（岩块厚度与长度之比）接近 1，易形成岩梁铰接结构[238]。借鉴"关键层理论"中的关键块体分析方法，建立基本顶岩梁铰接结构模型如图 3-6 所示。

结合图 3-5 和图 3-6，关键块体 B 内部含有若干铰接结构块体，建立铰接关键块体力学分析模型，如图 3-7 所示。

图 3-7 中，由于 θ_2 很小，P_2 作用点的位置忽略了 $\cos\theta_2$ 项。

关键块体在 C 点的下沉量 W_1 为：

$$W_1 = S_c = m_c - [m_d(K_m-1) + m_z(K_z-1)] \tag{3-5}$$

关键块体在 B 点的下沉量 W_2 为：

$$W_2 = S_d = (m_c + m_d) \cdot [1 - K_m(1-\eta_c)] - m_z(K_z-1) \tag{3-6}$$

根据岩块回转的几何接触关系，岩块端角挤压接触面高度近似为：

$$a = \frac{1}{2}(h - l_1\sin\theta_1) \tag{3-7}$$

鉴于岩块间的接触是塑性铰关系，图 3-7 中水平力 T 作用点可取 $0.5a$ 处。

由式（3-2）可知，关键块体的侧向跨度 l 与周期来压步距基本相等，

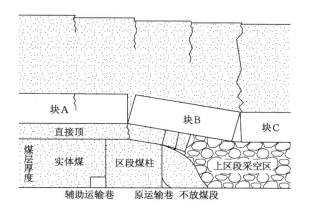

图 3-6　岩梁铰接结构模型

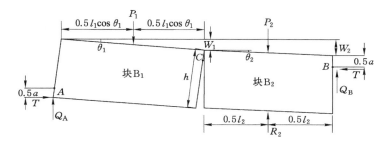

图 3-7　铰接关键块体力学分析模型[239]

P_1、P_2——块体承受的载荷；R_2——不放煤段的支承反力；θ_1、θ_2——块体的转角；

a——接触高度；Q_A、Q_B——A、B 接触铰上的剪力；l_1、l_2——岩块长度

即 $l_1 = l_2 = l$。在图中取 $\sum M_A = 0$ 可得：

$$Q_B(l\cos\theta_1 + h\sin\theta_1 + l) - P_1(0.5l\cos\theta_1 + h\sin\theta_1) + T(h - a - W_2) -$$
$$(P_2 - R_2)(l\cos\theta_1 + h\sin\theta_1 - 0.5a\tan\theta_1 + 0.5l) = 0$$

上式中，可以近似认为 $R_2 = P_2$，则上式可简化为：

$$Q_B(l\cos\theta_1 + h\sin\theta_1 + l) - P_1(0.5l\cos\theta_1 + h\sin\theta_1) + T(h - a - W_2) = 0$$

$$(3-8)$$

同理，取 $\sum M_C = 0$，再取 $\sum Y = 0$，可得：

$$Q_B = T\tan\theta_2 \tag{3-9}$$

$$Q_A + Q_B = P_1 \tag{3-10}$$

由几何关系可知 $W_1 = l\sin\theta_2$，$W_2 = l(\sin\theta_1 + \sin\theta_2)$。根据文献可知，

$\theta_2 \approx \frac{1}{4}\theta_1$，则有 $\sin\theta_2 \approx \frac{1}{4}\sin\theta_1$，令 $i=\frac{h}{l}$ 表示基本顶岩块的块度，由式（3-8）、式（3-9）和式（3-10）可求出：

$$T=\frac{4i\sin\theta_1+2\cos\theta_1}{2i+\sin\theta_1(\cos\theta_1-2)}P_1 \tag{3-11}$$

$$Q_A=\frac{4i-3\sin\theta_1}{4i+2\sin\theta_1(\cos\theta_1-2)}P_1 \tag{3-12}$$

式中　i——基本顶岩块块度，$i=\frac{h}{l}$；

　　　h——基本顶厚度，m；

　　　l——基本顶岩块长度，m；

　　　θ_1——B 岩块回转角度，(°)；

　　　P_1——基本顶岩块载荷，kN，$P_1=P_G+P_Z$；

　　　T——水平推力；

　　　P_G——基本顶岩层重量，kN；

　　　P_Z——载荷层位传递的重量，kN。

Q_A 为工作面基本顶岩块与未断岩层的剪切力，顶板稳定性取决于 Q_A 与水平力 T 的大小。浅埋煤层工作面顶板破断的块度比较大，水平力 T 随块度 i 的增大而减小，随回转角 θ_1 的增大而减小。当 $i=1.0\sim1.4$ 时，剪力 $Q_A=(0.93\sim1)P_1$，巷道煤层上方岩块的剪切力几乎全部由实体煤之上的前支撑点承担，这是巷道顶板岩梁铰接结构的一个突出特点。

（2）关键块回转失稳分析

根据关键层理论中对关键块稳定性的分析，随着岩块的回转，水平力 T 将增加，可能导致岩块在铰接处岩块挤碎而失稳，即回转变形失稳。结构发生回转变形失稳的条件为：

$$\frac{T}{a}\leqslant\eta\sigma_c^* \tag{3-13}$$

式中　$\eta\sigma_c^*$——基本顶岩块端角挤压强度；

　　　$\dfrac{T}{a}$——接触面上的平均挤压应力。

根据试验测定，可取 $\eta=0.4$。令 h_1 为载荷层作用于基本顶岩块的等效岩柱厚度，并将 $a=\frac{1}{2}(h-l_1\sin\theta_1)$、$P_1=\rho g(h+h_1)l$ 及有关参数代入式（3-13），化简得：

$$h+h_1\geqslant\frac{[2i+\sin\theta_1(\cos\theta_1-2)](i-\sin\theta_1)\sigma_c^*}{5\rho g(4i\sin\theta_1+2\cos\theta_1)} \tag{3-14}$$

式中　σ_c^*——等效岩柱抗压强度极限,MPa;

　　　ρg——岩体的体积力,kN/m³。

由式(3-14)可知,只要载荷层厚度大于一定值时就会出现回转失稳。按照浅埋煤层综放工作面一般条件,回转角度 θ_1 的变化范围为 $0°\sim12°$。结合不连沟煤矿的实际地质条件,不连沟煤矿现场实测数据显示:岩块实测块度 $i=1.05$,岩块抗压强度极限 $\sigma_c^*=33.07$ MPa。对式(3-14)进行分析可以得出 $h+h_1$ 随着 θ_1 的增加而增大,令 $Y=\dfrac{[2i+\sin\theta_1(\cos\theta_1-2)]}{5\rho g(4i\sin\theta_1+2\cos\theta_1)}(i-\sin\theta_1)\sigma_c^*$,当 $\theta_1=0°$ 时,$Y_{min}=291.67$ m,结合式(3-13)和式(3-14)可知,顶板结构发生回转失稳的条件为:

$$h+h_1\geqslant Y_{min} \tag{3-15}$$

将 $h=1.05l=16.8$ 代入可得:

$$h_1\geqslant274.47 \text{ m} \tag{3-16}$$

上式说明,当煤层埋深大于 274.47 m 时,顶板结构易发生回转失稳;当煤层埋深小于 274.47 m 时,顶板结构一般不会发生回转失稳。

（3）关键块滑落失稳分析

岩梁铰接结构的最大剪切力 Q_A 发生在 A 点,结构在 A 点发生滑落失稳,必须满足以下条件:

$$Q_A\geqslant T\tan\varphi \tag{3-17}$$

式中　$\tan\varphi$——岩块间的摩擦因数,由试验确定为 0.5。

将式(3-11)和式(3-12)代入式(3-17),可得:

$$i\geqslant\dfrac{2\cos\theta_1+3\sin\theta_1}{4(1-\sin\theta_1)} \tag{3-18}$$

根据浅埋煤层顶板破断规律,基本顶岩块块度一般在 1.0 以上,根据经验公式,i 值在 0.9 以内时顶板一般不会出现滑落失稳。不连沟煤矿现场实测块度为 $i=1.05$,所以顶板结构易发生滑落失稳。

3.1.4　上覆岩体切落结构力学分析

在 3.1.3 中讨论了上覆岩体发生回转或变形失稳的判定条件,当顶板块度小于 1 或强度比较弱且回转角大于 10° 时,实测发现顶板还易发生切落,如图 3-8 所示。

根据关键层理论,对图 3-8 所示的岩梁切落结构进行简化,建立岩梁切落结构力学模型,如图 3-9 所示。

结构中 N 岩块完全在垮落岩石上,M 岩块回转受到 N 岩块在 C 点的支撑。此时 N 岩块处于压实状态,可取 $R_2=P_2$。N 岩块的下沉量为:

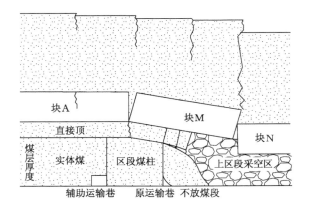

图 3-8　岩梁切落结构模型

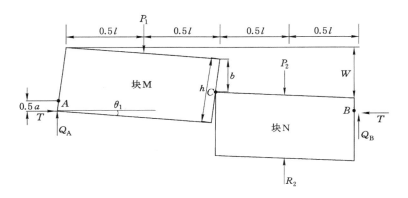

图 3-9　岩梁切落结构力学模型

P_1,P_2——块体承受的载荷;R_2——N 岩块的支承反力;θ_1——M 岩块的转角;
a——接触面高度;Q_A,Q_B——A、B 接触铰上的剪力;l——岩块长度

$$W = m - (K_p - 1)\sum h \tag{3-19}$$

式中　　$\sum h$——直接顶厚度,m;

　　　　m——采高,m;

　　　　K_p——岩石碎胀系数,可取 1.3。

M 岩块和 N 岩块之间落差为:

$$b = W - l\sin\theta_1$$

分别对 A 和 B 点取力矩平衡,并代入 $Q_A + Q_B = P_1$ 可得:

$$Q_A \approx P_1$$

$$T=\frac{lP_1}{2(h-a-W)} \tag{3-20}$$

由图 3-9 可知，M 岩块达到最大回转角时，$\sin\theta_{1max}=\dfrac{W}{l}$，代入式(3-20)，得：

$$T=\frac{P_1}{i-2\sin\theta_{1max}+\sin\theta_1} \tag{3-21}$$

按照浅埋煤层顶板一般条件，不连沟基本顶岩块最大回转角一般介于 $8°\sim$ $12°$ 之间。将式(3-20)、式(3-21)及 $\tan\varphi=0.5$ 代入式(3-17)，可得岩梁切落结构发生滑落失稳的条件为：

$$i\geqslant0.5+2\sin\theta_{1max}-\sin\theta_1 \tag{3-22}$$

计算表明，只有在块度小于 0.9 时才不出现滑落失稳。从浅埋煤层顶板破断规律来看，块度 i 一般在 1.0 以上，所以岩梁切落结构也容易发生滑落失稳。

3.2 巷道围岩结构稳定性分析

3.2.1 巷道围岩结构特征

巷道围岩内结构包括巷道(顶底、两帮)、区段煤柱及端头不放煤段三部分。在特厚煤层综放开采条件下，虽然巷道的顶底和两帮均为煤体，但巷道各部分煤体受上区段工作面采动影响变形破坏程度有所不同，同时受到煤柱宽度、端头不放煤长度的影响，巷道围岩的应力环境错综复杂，因此，找到三者之间的相互影响规律是巷道围岩结构研究的一个突破点。与此同时，内结构的稳定性还与外结构有密切的关系，上区段工作面推移之后，端头不放煤段煤体在上部岩体和自重的影响下垮落，导致端头弧形三角块 B 的稳定性受到影响发生滑落失稳。关键块体 B 通过端头不放煤段和直接顶作用到区段煤柱，传递至内结构周围，将造成内结构各部位在应力状态和大小上存在较大差异。同时区段煤柱还有一定的自承能力，其核心区域的稳定对端头区内结构及上覆岩体的稳定性起到关键作用。由上述分析可知，巷道围岩内结构具有以下特征：

(1) 巷道围岩内结构的主体是区段煤柱，其上部连接端头不放煤段，下部紧邻巷道，同时还是内结构的主要承载体，其结构示意图如图 3-10 所示。

(2) 巷道围岩内结构端头区支护的空顶面积大，顶板反复支护，端头区支架急剧受载，发生下缩、变形、破损等。

(3) 巷道围岩内结构端头区所受荷载最为剧烈，不放煤段具有很好的让压特征，能够承载较大的变形。由于区段护巷煤柱的存在及端头不放煤段的支撑作用，使得内结构能够承受较大变形而不失稳，具有一定的让压特征。

内结构是一个空间结构，其整体的力学特征是一个非常复杂的问题，从巷道

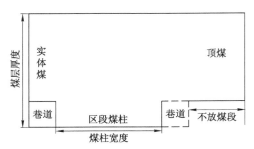

图 3-10　巷道围岩简化结构示意图

围岩的整体稳定性考虑,综放开采巷道围岩的内结构无论是围岩本身特征,还是空间特征,均具有明显的非均衡现象。同时,内结构端头支架也受到不均衡荷载作用,保证内结构本身的稳定是大采高综放工作面巷道稳定的关键。

3.2.2　巷道侧煤柱边缘应力分析

辅助运输巷及区段煤柱要受到三次动载影响,第一次为辅助运输巷超前上区段工作面掘进时掘进动载影响,第二次为上区段工作面的采动影响,第三次为下区段工作面的采动超前影响,因此研究巷道侧煤柱边缘的应力分布及煤柱塑性区的宽度对研究巷道围岩稳定性有重要作用,其研究部位如图 3-11 所示。

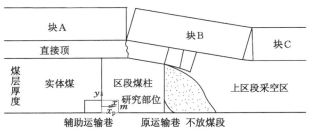

图 3-11　巷道侧煤柱边缘位置图

理论研究方面,前人比较有代表性的工作是运用极限平衡理论研究煤体边缘应力状态,计算公式主要有三种形式:

$$① \quad \sigma_y = N_0 \mathrm{e}^{\frac{2f}{\lambda m}x} \tag{3-23}$$

$$② \quad \sigma_y = (\sigma_c + c \cdot \cot \varphi) \cdot (\mathrm{e}^{\frac{2f}{m}x} - 1) + \sigma_c \tag{3-24}$$

$$③ \quad \sigma_y = \xi(P_t + c_0 \cdot \cot \varphi_0) \cdot \mathrm{e}^{\frac{2\xi f}{m}x} - c_0 \cdot \cot \varphi_0 \tag{3-25}$$

$$x_p = \frac{m}{2\xi f} \ln \frac{k\gamma H + c_0 \cdot \cot \varphi_0}{\xi(P_t + c_0 \cdot \cot \varphi_0)} \tag{3-26}$$

式中　σ_y——应力极限平衡区的垂直应力,MPa;

　　　σ_c——煤体的单轴抗压强度,MPa;

　　N_0——巷道边缘处的垂直应力，MPa；

　　m——煤层开采厚度，m；

　　$c，c_0$——煤层与顶底板间的黏聚力，MPa；

　　$\varphi，\varphi_0$——煤层与顶底板间内摩擦角，(°)；

　　f——煤柱与顶底板间的摩擦系数；

　　λ——侧压系数，$\lambda = \mathrm{d}\sigma_x / \mathrm{d}\sigma_y$；

　　σ_x——应力极限平衡区的水平应力，MPa；

　　x——煤体内任意点到煤体边缘的距离，m；

　　ξ——常数，$\xi = (1+\sin\varphi)/(1-\sin\varphi)$；

　　P_t——支架对煤帮的支护阻力，MPa；

　　γ——岩层平均容重，$\mathrm{MN/m^3}$；

　　H——巷道埋深，m；

　　k——应力集中系数；

　　x_p——极限平衡区宽度，m。

上述研究普遍存在以下问题：

（1）认为极限平衡区内的应力 σ_x、σ_y 等于主应力 σ_1、σ_2，忽略了剪应力 τ_{xy} 的影响；

（2）极限平衡区内的应力（σ_x、σ_y、τ_{xy}）不满足平衡方程。

$$\frac{\partial \sigma_x}{\partial x} + \frac{\partial \tau_{xy}}{\partial y} = 0$$

$$\frac{\partial \tau_{xy}}{\partial x} + \frac{\partial \sigma_y}{\partial y} = 0$$

为此，需要对模型进行修正，推导出基于极限平衡理论的煤体边缘塑性区内应力 σ_y、塑性区宽度 x_p 的关系式。假设如下：

（1）煤体视为均质连续体；

（2）取处于极限强度范围内煤体作为研究对象，研究在平面应变情况下进行；

（3）煤体受剪切而发生破坏，破坏满足摩尔-库仑准则；

（4）在煤柱极限强度处，即 $x = x_p$ 处，应力边界条件为：

$$\begin{cases} \sigma_y \mid_{x=x_p} = \sigma_{y_p} \\ \sigma_x = \beta \sigma_{y_p} \end{cases} \tag{3-27}$$

式中　β——极限强度所在面的侧压系数，$\beta = \mu/(1-\mu)$，μ 为泊松比；

　　σ_x——应力极限平衡区的水平应力，MPa；

　　σ_y——应力极限平衡区的垂直应力，MPa；

σ_{y_p}——煤体的极限强度(即支承压力峰值),MPa。

建立如图 3-12 所示的力学模型和坐标系统,图中 P_t 为巷道支护对煤壁沿 x 方向的约束力,MPa;τ_{xy} 为煤层与顶底板界面处的剪切应力,MPa;m 为开采煤层厚度,m;x_p 为辅助运输巷帮至煤柱极限强度发生处的距离,m。

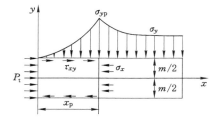

图 3-12　巷道侧煤柱边缘煤体力学模型

由图 3-12 可知,求解塑性区界面应力的平衡方程为

$$\left.\begin{aligned}\frac{\partial \sigma_y}{\partial x}+\frac{\partial \tau_{xy}}{\partial y}+X&=0\\\frac{\partial \sigma_y}{\partial y}+\frac{\partial \tau_{xy}}{\partial x}+Y&=0\\\tau_{xy}&=-(c_0+\sigma_y\tan\varphi_0)\end{aligned}\right\}\tag{3-28}$$

式中,X 和 Y 分别为极限平衡区内煤体在 x 和 y 方向的体积力,MPa;c_0 为煤层与顶底板界面处的黏聚力,MPa;φ_0 为煤层与顶底板界面 x 处的内摩擦角,(°)。

联立式(3-28)得:

$$\frac{\partial \sigma_y}{\partial y}-\frac{\partial \sigma_y}{\partial x}\tan\varphi_0+Y=0(y\text{ 方向})\tag{3-29}$$

设

$$\sigma_y=f(x)g(y)+A\tag{3-30}$$

将式(3-30)代入式(3-29)并整理得:

$$\frac{f'(x)}{f(x)}\tan\varphi_0=\frac{g'(y)}{g(y)}+Y\tag{3-31}$$

方程两侧分别只是 x 或 y 的函数,故可令方程两侧等于同一常数 B,则

$$\left.\begin{aligned}\frac{f'(x)}{f(x)}\tan\varphi_0&=B\\\frac{g'(y)}{g(y)}+Y&=B\end{aligned}\right\}\tag{3-32}$$

求解式(3-32)可得:

$$\left.\begin{aligned}f(x)&=B_1\mathrm{e}^{\frac{Bx}{\tan\varphi_0}}\\g(y)&=B_2\mathrm{e}^{(B-Y)y}\end{aligned}\right\}\tag{3-33}$$

联立式(3-28)、式(3-31)、式(3-33)可得：

$$\left.\begin{array}{l} \sigma_y = B_0 e^{(B-Y)y} e^{\frac{Bx}{\tan\varphi_0}} + A \\ \tau_{xy} = -\left[(B_0 e^{(B-Y)y} e^{\frac{Bx}{\tan\varphi_0}} + A)\tan\varphi_0 + c_0\right] \end{array}\right\} \tag{3-34}$$

式中，A、B_0 均为待定常数，$B_0 = B_1 B_2$；

取整个塑性区为分离体，由极限平衡区内 x 方向的合力为 0 的特征可得：

$$m\beta\sigma_y\mid_{x=x_p} - 2\int_0^1 \tau_{xy}\mathrm{d}x - P_t m = 0 \tag{3-35}$$

方程两边是关于 x_p 的平衡方程，对 x_p 求导得：

$$\frac{m\beta\sigma_y}{\mathrm{d}x_p}\mid_{x=x_p} - 2\tau_{xy}\mid_{x=x_p} = 0 \tag{3-36}$$

式中　γ_0——煤体平均体积力，MPa。

求解式(3-36)得：

$$\sigma_y\mid_{x=x_p} = Ce^{\frac{2\tan\varphi_0}{m\beta}x_p} - \frac{c_0}{\tan\varphi_0} \tag{3-37}$$

令式(3-34)中 $x=x_p$，$y=y/2$，并与式(3-27)进行比较，可得：

$$\left.\begin{array}{l} A = -\dfrac{c_0}{\tan\varphi_0} \\[2mm] B = \dfrac{2\tan^2\varphi_0}{m\beta} \\[2mm] C = B_0 e^{\frac{(B-Y)m}{2}} = B_0 e^{\frac{2\tan^2\varphi_0 - YmB}{2\beta}} \end{array}\right\} \tag{3-38}$$

联立式(3-27)、式(3-35)、式(3-36)、式(3-38)可得：

$$\sigma_y\mid_{x=x_p} = Ce^{\frac{2\tan^2\varphi_0}{m\beta}x_p} - \frac{c_0}{\tan\varphi_0}$$

$$m\beta\sigma_y\mid_{x=x_p} + 2\int_0^1 \tau_{xy}\mathrm{d}x - P_t m = 0 \tag{3-39}$$

由于

$$\left\{\begin{array}{l} \sigma_y\mid_{x=x_p} = Ce^{\frac{2\tan^2\varphi_0}{m\beta}x_p} - \dfrac{c_0}{\tan\varphi_0} \\[3mm] \displaystyle\int_0^1 \tau_{xy}\mathrm{d}x = \dfrac{m\beta}{2}C\left(1 - e^{\frac{2\tan^2\varphi_0}{m\beta}x_p}\right) \end{array}\right. \tag{3-40}$$

由式(3-39)和式(3-40)可得：

$$C = \frac{P_t}{\beta} + \frac{c_0}{\tan\varphi_0} \tag{3-41}$$

将式(3-41)代入式(3-38)可得：

$$B_0 = \left[\frac{P_t}{\beta} + \frac{c_0}{\tan\varphi_0}\right]e^{\frac{m\beta\gamma_0 - 2\tan^2\varphi_0}{2\beta}} \tag{3-42}$$

因此，极限平衡区内任意一点的应力为：

$$\left.\begin{aligned} \sigma_y &= \left[\frac{P_t}{\beta} + \frac{c_0}{\tan\varphi_0}\right] e^{\frac{m\beta\gamma_0 - 2\tan^2\varphi_0}{2\beta} + \frac{2\tan\varphi_0}{m\beta}x + (\frac{2\tan^2\varphi_0}{m\beta} - \gamma_0)y} - \frac{c_0}{\tan\varphi_0} \\ \tau_{xy} &= -\left\{\left[\frac{P_t}{\beta} + \frac{c_0}{\tan\varphi_0}\right] \cdot e^{\frac{m\beta\gamma_0 - 2\tan^2\varphi_0}{2\beta} + \frac{2\tan\varphi_0}{m\beta}x + (\frac{2\tan^2\varphi_0}{m\beta} - \gamma_0)y}\tan\varphi_0 + c_0\right\} \end{aligned}\right\} \quad (3\text{-}43)$$

将 $y = \frac{m}{2}$，$x = x_p$，$\sigma_y|_{x=x_p} = \sigma_{y_p}$ 代入上式，可以求得煤柱边缘煤体极限强度发生处的距离，即塑性区距辅助运输巷帮的距离为：

$$x_p = \frac{m\beta}{2\tan\varphi_0}\ln\left[\frac{\sigma_{y_p} + \dfrac{c_0}{\tan\varphi_0}}{\dfrac{c_0}{\tan\varphi_0} + \dfrac{P_t}{\beta}}\right] \quad (3\text{-}44)$$

煤体边缘应力分布和塑性区宽度与煤层开采高度 m、侧压系数 β、煤体的极限强度（即支承压力峰值）σ_{y_p} 保持正相关，与煤体和顶板间的黏聚力 c_0、内摩擦角 φ_0、巷道煤帮侧向支护阻力 P_t 保持负相关。

3.2.3 巷道侧煤柱边缘塑性区计算

煤体的极限强度（即支承压力峰值）σ_{y_p} 的计算在工程上普遍使用欧文塑性约束系数 δ，其计算公式[240]为：

$$\delta = 2.729(\eta\sigma_c)^{-0.271} \quad (3\text{-}45)$$

式中　η——煤岩流变系数；

σ_c——煤岩试块的单轴抗压强度，MPa。

故煤柱的极限抗压强度可用式(3-46)来计算，即：

$$\sigma_{y_p} = \delta\eta\sigma_c = 2.729(\eta\sigma_c)^{0.729} \quad (3\text{-}46)$$

对于不连沟煤矿 6 号煤，η 取 0.45，σ_c 取 13 MPa，将其代入式(3-46)中，计算得煤柱的极限强度 σ_{y_p} 为 9.89 MPa。同时，根据不连沟煤矿参数：煤层开采高度 $m = 4$ m，$\mu = 0.29$，$\beta = \mu/1 - \mu = 0.408$，$\varphi_0 = 30°$，$c_0 = 2$ MPa，$P_t = 0.25$，代入式(3-44)，得到巷道侧煤柱边缘塑性区宽度为 1.676 9 m，此时煤柱达到极限强度 9.89 MPa。

3.2.4 采空区侧煤柱边缘应力分析

同 3.2.3，对采空区侧煤柱边缘进行受力分析，不同的是，综放开采采空区侧煤柱边缘，一侧为煤柱内的实体煤，一侧为采空区侧顶煤及不放煤段垮落的煤体，研究部位如图 3-13 所示。

运用极限平衡理论研究煤体边缘应力状态，对模型进行简化求解，推导出采空区边缘塑性区内应力 σ_y、塑性区宽度 x_s 的关系式。在煤柱极限强度处，即 $x = x_s$ 处，应力边界条件为：

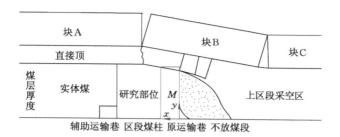

图 3-13　采空区侧煤柱边缘位置图

$$\begin{cases} \sigma_y \big|_{x=x_s} = \sigma_{y_s} \\ \sigma_x = \beta \sigma_{y_s} \end{cases} \tag{3-47}$$

式中　β——极限强度所在面的侧压系数，$\beta = \mu/(1-\mu)$，μ 为泊松比；

σ_x——应力极限平衡区的水平应力，MPa；

σ_y——应力极限平衡区的垂直应力，MPa；

σ_{y_s}——煤体的极限强度（即支承压力峰值），MPa。

建立如图 3-14 所示的力学模型和坐标系统。图中 P_s 为采空区侧散落煤体对煤壁沿 x 方向的约束力，MPa；τ_{xy} 为煤层与直接顶、直接底界面处的剪切应力，MPa；M 为煤层厚度，m；x_s 为采空区侧至煤柱极限强度发生处的距离，m。

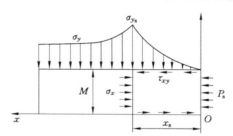

图 3-14　采空区侧煤柱边缘煤体力学模型

由图 3-14 可知，求解塑性区界面应力的平衡方程为：

$$\left. \begin{array}{l} \dfrac{\partial \sigma_y}{\partial x} + \dfrac{\partial \tau_{xy}}{\partial y} + X = 0 \\[2mm] \dfrac{\partial \sigma_y}{\partial y} + \dfrac{\partial \tau_{xy}}{\partial x} + Y = 0 \\[2mm] \tau_{xy} = -(c_0 + \sigma_y \tan \varphi_0) \end{array} \right\} \tag{3-48}$$

式中，X 和 Y 分别为极限平衡区内煤体在 x 和 y 方向的体积力，MPa；c_0 为煤层与直接顶、直接底界面处的黏聚力，MPa；φ_0 为煤层与直接顶、直接底界面 x 处的内摩擦角,(°)。

参照煤柱侧煤柱边缘塑性区计算推导过程,求得采空区侧煤柱边缘煤体极限强度发生处的距离,即塑性区距采空区侧煤柱帮的距离为:

$$x_s = \frac{M\beta}{2\tan\varphi_0}\ln\left[\frac{\sigma_{y_s}+\dfrac{c_0}{\tan\varphi_0}}{\dfrac{c_0}{\tan\varphi_0}+\dfrac{P_s}{\beta}}\right] \qquad (3-49)$$

采空区侧煤柱边缘应力分布和塑性区宽度与煤层厚度 M、侧压系数 β、煤体的极限强度(即支承压力峰值)σ_{y_s} 保持正相关,与煤体与直接顶、直接底间黏聚力 c_0、内摩擦角 φ_0、采空区侧向支护阻力 P_s 保持负相关。

3.2.5　采空区侧煤柱边缘塑性区计算

采空区侧向支护阻力 P_s 与煤层厚度和不放煤段的垮落情况有关,可根据不放煤段的垮落情况,将支护阻力 P_s 分两种情况进行讨论。

(1)采空区侧煤柱无任何支护形式,不放煤段的长度为 0,$P_s=0$,即端头顶煤全部被采出,塑性区距采空区侧煤柱帮的距离 x_s 为:

$$x_s = \frac{M\beta}{2\tan\varphi_0}\ln\left(\frac{\sigma_{y_s}\tan\varphi_0}{c_0}+1\right) \qquad (3-50)$$

塑性区距采空区侧煤柱帮的距离 x_s 与煤层厚度 M 线性相关,代入参数数值,得塑性区的宽度为 $x_s=0.476\,8M$,曲线如图 3-15 所示。

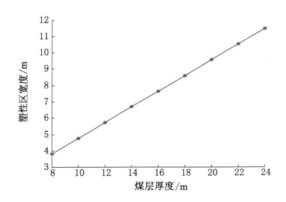

图 3-15　$P_s=0$ 情况下采空区侧煤柱塑性区宽度变化曲线

从图 3-15 看出,采空区侧煤柱塑性区的宽度随煤层厚度呈线性递增,这种情况的出现,对煤柱及巷道的稳定性是极为不利的。x_s 与 M 的对应关系,见表 3-1。

表 3-1　　　$P_s=0$ 情况下采空区侧煤柱塑性区宽度与煤层厚度关系表

M/m	8	12	16	20	24
x_s/m	3.814 4	5.721 6	7.628 8	9.536 0	11.443 2

（2）采空区侧煤柱边缘有支护，此时情况比较复杂，不放煤段长度与煤层厚度相互耦合，顶煤垮落碎胀后充填采空区，但充填程度与顶煤自身的碎胀系数、顶煤长度、煤层厚度都有关系，同时顶板垮落，对垮落后的碎煤也有侧向压力，多种参数耦合作用下，需要对垮落煤体的结构进行简化。引用静止土压力的方法，对 P_s 进行简化计算，计算公式为：

$$P_s=\frac{1}{2}\gamma M^2 K_0 \tag{3-51}$$

式中　γ——破碎煤体重度，KN/m^3；

　　　M——煤层厚度，m，P_s 的作用点在距底板 $M/3$ 处；

　　　K_0——静止岩石压力系数，可按杰基提出的经验公式 $K_0=1-\sin\varphi_0$（φ_0 为岩土的有效内摩擦角）进行转化计算。

将式（3-51）代入式（3-49），可得采空区侧煤柱边缘塑性区宽度的计算公式：

$$x_s=\frac{M\beta}{2\tan\varphi_0}\ln\left[\frac{2\beta(\sigma_{y_s}\tan\varphi_0+c_0)}{2\beta c_0+\gamma M^2\tan\varphi_0(1-\sin\varphi_0)}\right] \tag{3-52}$$

将参数代入式（3-52）可得，塑性区宽度与煤层厚度的关系式：

$$x_s=0.173\ 2M-\ln(0.025M^2+9.792)+3.63 \tag{3-53}$$

绘制关系曲线如图 3-18 所示。

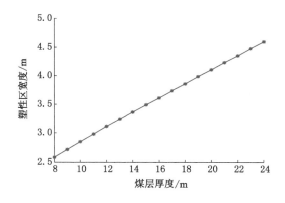

图 3-16　$P_s\neq0$ 情况下采空区侧塑性区宽度变化曲线

由图 3-16 可知,采空区侧煤柱边缘塑性区宽度 x_s 与煤层厚度 M 近似呈线性关系,其对应关系见表 3-2。

表 3-2　　$P_s \neq 0$ 情况下采空区侧煤柱塑性区宽度与煤层厚度关系表

M/m	8	12	16	20	24
x_s/m	2.582 7	3.113 7	3.616 7	4.108 7	4.600 8

3.2.6　煤柱合理宽度计算

根据以上分析,塑性区宽度越大,煤柱稳定性越受到影响,因此在设计煤柱宽度的时候,需要把塑性区最大的情况考虑进去,确定合理煤柱宽度 B 的计算公式为:

$$B = k(x_p + x_h + x_s) \tag{3-54}$$

式中　　k——煤柱采动影响因子,其与顶板的断裂结构有关;

　　　　x_p——巷道侧煤柱边缘塑性区宽度,m;

　　　　x_s——采空区侧煤柱边缘塑性区的宽度,m,此时选用塑性区较大的情况;

　　　　x_h——区段煤柱核区宽度,考虑煤层厚度较大而增加的煤柱宽度富裕量,一般按 $(x_p + x_s)$ 值的 30%~50% 计算。

将式(3-44)、式(3-50)代入式(3-54)得:

$$B = k\left[x_h + \frac{m\beta}{2\tan\varphi_0} \ln\left(\frac{\sigma_{y_p} + \frac{c_0}{\tan\varphi_0}}{\frac{c_0}{\tan\varphi_0} + \frac{P_t}{\beta}} \right) + \frac{M\beta}{2\tan\varphi_0} \ln\left(\frac{\sigma_{y_s}\tan\varphi_0}{c_0} + 1 \right) \right] \tag{3-55}$$

以 $x_h = 0.4(x_p + x_s)$ 代入式(3-55),进行化简得:

$$B = \frac{7kM\beta}{10\tan\varphi_0} \ln\left[\frac{\beta(\sigma_{y_p}\tan\varphi_0 + c_0)(\sigma_{y_s}\tan\varphi_0 + c_0)}{c_0(c_0\beta + P_t\tan\varphi_0)} \right] \tag{3-56}$$

取 $k = 2$、$M = 16$ 时,即当煤层开采高度为 4 m,煤层厚度为 16 m 时,代入式(3-56)可得,煤柱合理宽度为 26.056 m。

3.3　巷道结构耦合力学模型

3.3.1　内、外结构悬臂梁模型

根据顶板的破断、运动特征,结合图 3-17 对巷道围岩结构进行简化,建立巷道围岩结构力学模型,如图 3-18 所示。模型选取综放工作面上覆岩体为顶板,

当液压支架前移后,简化为梁结构,OF 段为煤柱上方顶板;OA 段为上区段采空区段,假定距离上次顶板破断的距离为 l;AB 段为端头不放煤段,长度为 s;BC 段为辅助运输巷,长度为 c;CD 段为区段煤柱,长度为 L;DE 段为原运输巷,长度为 c;EF 段为实体煤段。结构模型中,q 为顶板上覆岩体引起的载荷,q_1 为实体煤的支承载荷,q_2 为原运输巷的顶板支承载荷,q_3 为煤柱的支承载荷,q_4 为端头不放煤段支承载荷的最大值,M_1、M_2、M_3、M_4、M_5 分别为 OA 段、AC 段、CD 段、DE 段、EF 段的弯矩。

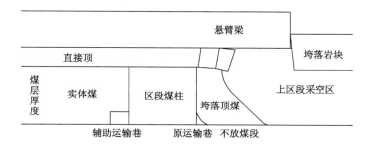

图 3-17　巷道顶板悬臂梁结构力学模型

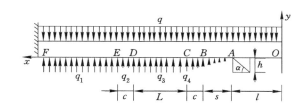

图 3-18　巷道围岩力学计算简化模型

假设支撑顶板的煤层及直接顶符合温克勒地基假设,则实体煤的支承载荷为:

$$q_1 = ky \tag{3-57}$$

式中　k——温克勒地基系数,与梁下垫层的厚度及力学性质有关,$k = \sqrt{E_0/h}$;

　　　E_0——煤体弹性模量;

　　　h——煤层厚度。

上区段工作面移架后,端头不放煤段 AB 及原运输巷 BC 段顶煤垮落,垮落角为 α,AC 段垮落后填充采空区,对顶板仍有一定的支撑作用,假设其支承载荷为三角支承载荷,此时端头不放煤段的支承载荷 q' 的计算式为:

$$q' = \frac{q_4}{s+c}(x-l) \tag{3-58}$$

3.3.2 弯矩组合方程计算分析

根据悬臂梁力学知识,梁 OF 是均质、各向同性的线弹性材料,建立弯矩组合方程。

（1）当 $0 < x \leqslant l$ 时, OA 段的弯矩方程为：

$$M_1 = \frac{q}{2}x^2 \tag{3-59}$$

（2）当 $l < x \leqslant l+s+c$ 时, AC 段的弯矩方程为：

$$M_2 = \frac{q}{2}x^2 - \frac{q'}{6}(x-l)^2$$

将式（3-58）代入上式,得：

$$M_2 = \frac{q}{2}x^2 - \frac{q_4}{6(s+c)}(x-l)^3 \tag{3-60}$$

（3）当 $l+s+c < x \leqslant L+s+c+l$ 时, CD 段的弯矩方程为：

$$M_3 = \frac{q}{2}x^2 - \frac{q_4}{2}(s+c)\left[x-l-\frac{2(s+c)}{3}\right] - \frac{q_3}{2}(x-l-s-c)^2 \tag{3-61}$$

（4）当 $L+s+c+l < x \leqslant L+s+2c+l$ 时, DE 段的弯矩方程为：

$$M_4 = \frac{q}{2}x^2 - \frac{q_4}{2}(s+c)\left[x-l-\frac{2(s+c)}{3}\right] - q_3 L\left(x-l-s-c-\frac{L}{2}\right) -$$
$$\frac{q_2(x-L-l-s-c)^2}{2} \tag{3-62}$$

（5）当 $L+s+2c+l < x$ 时, EF 段的弯矩方程为：

$$M_5 = \frac{q}{2}x^2 - \frac{q_4}{2}(s+c)\left[x-l-\frac{2(s+c)}{3}\right] - q_3 L\left(x-l-s-c-\frac{L}{2}\right) -$$
$$q_2 c\left(x-L-l-s-\frac{3c}{2}\right) - \frac{q_1(x-L-l-s-2c)^2}{2} \tag{3-63}$$

联立式（3-59）～式（3-63）,并将 $\begin{cases} l_1 = s+c \\ l_2 = s+c+l \\ l_3 = s+c+l+L \end{cases}$ 代入,得到：

$$\begin{cases} M_1 = \dfrac{q}{2}x^2 & (0 < x \leqslant l) \\[2mm] M_2 = \dfrac{q}{2}x^2 - \dfrac{q_4}{6l_1}(x-l)^3 & (l < x \leqslant l_2) \\[2mm] M_3 = \dfrac{q}{2}x^2 - \dfrac{q_4 l_1}{2}\left(x - l - \dfrac{2l_1}{3}\right) - \dfrac{q_3}{2}(x-l_2)^2 & (l_2 < x \leqslant l_3) \\[2mm] M_4 = \dfrac{q}{2}x^2 - \dfrac{q_4 l_1}{2}\left(x - l - \dfrac{2l_1}{3}\right) - q_3 L\left(x - l_2 - \dfrac{L}{2}\right) - \dfrac{q_2(x-l_3)^2}{2} & (l_3 < x \leqslant l_3 + c) \\[2mm] M_5 = \dfrac{q}{2}x^2 - \dfrac{q_4 l_1}{2}\left(x - l - \dfrac{2l_1}{3}\right) - q_3 L\left(x - l_2 - \dfrac{L}{2}\right) - q_2 c\left(x - l_3 - \dfrac{c}{2}\right) - \\[2mm] \qquad \dfrac{q_1(x-l_3-c)^2}{2} & (l_3 + c < x) \end{cases}$$

$$\tag{3-64}$$

根据实验室及现场实测数据,求解多变量计算模型,分析模型参量对弯矩的影响规律。模型主要考虑煤层厚度 h、煤柱宽度 L、不放煤段长度 s 对顶板弯矩的影响。代入现场实测数据,$u = 0.29$,$E = 3.93$ GPa,$\gamma = 2.5$ kN/m³,$H = 224$ m,顶板上覆岩体引起的载荷 $q = \gamma H$,原运输巷和辅助运输巷的宽度 $c = 5$ m,取煤层厚度 h 为 $8 \sim 24$ m,煤柱宽度 L 为 $5 \sim 40$ m,不放煤段长度 s 为 $0 \sim 10.5$ m,采用单一变量法及多因素求得顶板弯矩曲线。

（1）不放煤段长度对弯矩的影响

运用 Matlab 数值计算软件对图 3-19 所示的曲线进行规律性拟合,得到弯矩回归方程,如图 3-20 所示。

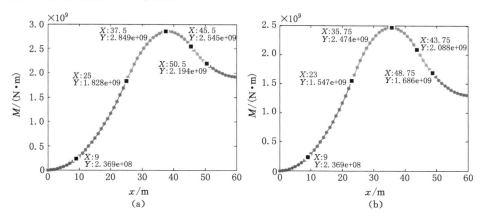

图 3-19　弯矩随不放煤段长度变化曲线

（a）不放煤段长度为 10.5 m；（b）不放煤段长度为 8.75 m

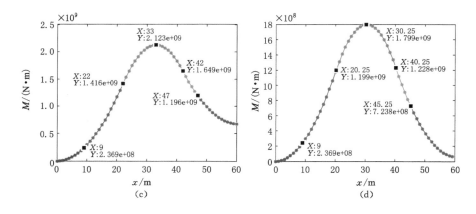

续图 3-19　弯矩随不放煤段长度变化曲线

（c）不放煤段长度为 7 m；（d）不放煤段长度为 5.25 m

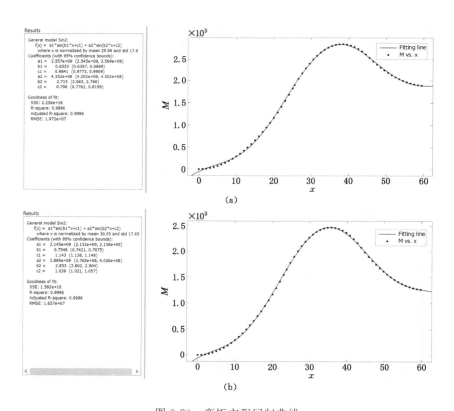

图 3-20　弯矩方程回归曲线

（a）不放煤段长度为 10.5 m；（b）不放煤段长度为 8.75 m

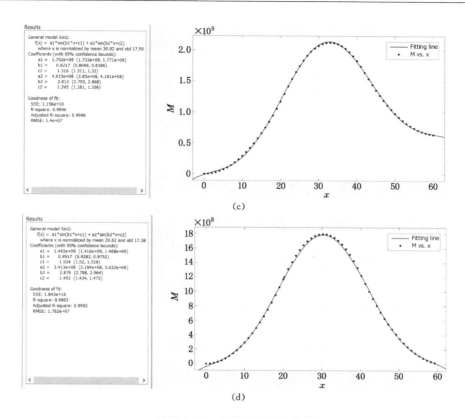

续图 3-20 弯矩方程回归曲线

(c) 不放煤段长度为 7 m;(d) 不放煤段长度为 5.25 m

由图 3-20 看出,弯矩的变化规律符合方程:

$$M = a_1 \sin(b_1 x + c_1) + a_2 \sin(b_2 x + c_2) \tag{3-65}$$

代入不同不放煤段长度,得到参数见表 3-3。

表 3-3 弯矩回归方程数据拟合参数表

不放煤段长度	a_1	b_1	c_1	a_2	b_2	c_2	R^2
10.50 m	2.557×10^9	0.653 3	0.984	4.352×10^8	2.715	0.798	0.999 6
8.75 m	2.145×10^9	0.754 8	1.143	3.895×10^8	2.853	1.039	0.999 6
7.00 m	1.752×10^9	0.821 7	1.316	4.015×10^8	2.812	1.295	0.999 6
5.25 m	1.442×10^9	0.951 7	1.524	3.413×10^8	2.876	1.453	0.999 3

注:R^2 为方程的确定性系数,表示方程中变量 x 对 y 的解释程度。R^2 取值在 0~1 之间,R^2 的值越接近 1,说明拟合程度越好;x 对 y 的解释能力越强。

（2）煤柱宽度对弯矩的影响

由图 3-21 可知，弯矩的大小与煤柱宽度有关，当煤柱宽度为 5～15 m，即接近一个周期来压步距时，弯矩受煤柱宽度影响明显，当煤柱宽度大于 15 m 后，弯矩的最大值保持不变，说明，此时顶板已经达到弯曲变形所需应变能的临界值。

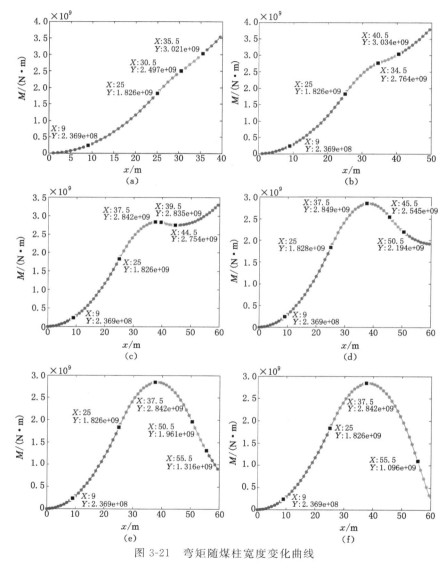

图 3-21 弯矩随煤柱宽度变化曲线

（a）煤柱宽度为 5 m；（b）煤柱宽度为 10 m；（c）煤柱宽度为 15 m；

（d）煤柱宽度为 20 m；（e）煤柱宽度为 25 m；（f）煤柱宽度为 30 m

3.3.3 弹性应变能计算模型

引入能量法对顶板结构进行分析,由功能原理,得 $V_\varepsilon = W$。

在线弹性范围内,外力偶矩 M_e 与自由端转角 θ 呈线性关系,外力偶矩所做的功 V_ε 为:

$$V_\varepsilon = W = \frac{1}{2} M_e \cdot \theta \qquad (3\text{-}66)$$

式中,$\theta = \dfrac{M_e L'}{2EI}$,$L'$ 为梁的长度,将 $\theta = \dfrac{M_e L'}{2EI}$ 代入式(3-66),得到梁的应变能为:

$$V_\varepsilon = W = \frac{M_e^2 L'}{2EI} = \int_{L'} \frac{M^2(x)\,\mathrm{d}x}{2EI(x)} \qquad (3\text{-}67)$$

梁的横截面为长为 b、宽为 d 的矩形,其惯性矩 $I = \dfrac{bd^3}{12}$,代入式(3-67)得应变能的计算公式:

$$V_\varepsilon = \frac{6}{Ebd^3} \int M^2(x)\,\mathrm{d}x \qquad (3\text{-}68)$$

将式(3-64)代入式(3-68)得应变能计算公式。

(1) 当 $0 < x \leqslant l$ 时,OA 段的应变能

$$V_{\varepsilon_1} = \frac{6}{Ebd^3} \int_0^l M_1^2(x)\,\mathrm{d}x = \frac{6}{Ebd^3} \int_0^l \left(\frac{q}{2}x^2\right)\mathrm{d}x \qquad (3\text{-}69)$$

(2) 当 $l < x \leqslant l_2$ 时,AC 段的应变能

$$V_{\varepsilon_2} = \frac{6}{Ebd^3} \int_l^{l_2} M_2^2(x)\,\mathrm{d}x = \frac{6}{Ebd^3} \int_l^{l_2} \left[\frac{q}{2}x^2 - \frac{q_4}{6l_1}(x-l)^3\right]\mathrm{d}x \qquad (3\text{-}70)$$

(3) 当 $l_2 < x \leqslant l_3$ 时,CD 段的应变能

$$V_{\varepsilon_3} = \frac{6}{Ebd^3} \int_{l_2}^{l_3} M_3^2(x)\,\mathrm{d}x$$

$$= \frac{6}{Ebd^3} \int_{l_2}^{l_3} \left[\frac{q}{2}x^2 - \frac{q_4 l}{2}\left(x - l - \frac{2l_1}{3}\right) - \frac{q_3}{2}(x-l_2)^2\right]\mathrm{d}x \qquad (3\text{-}71)$$

(4) 当 $l_3 < x \leqslant l_3 + c$ 时,DE 段的应变能

$$V_{\varepsilon_4} = \frac{6}{Ebd^3} \int_{l_3}^{l_3+c} M_4^2(x)\,\mathrm{d}x$$

$$= \frac{6}{Ebd^3} \int_{l_3}^{l_3+c} \left[\frac{q}{2}x^2 - \frac{q_4 l_1}{2}\left(x - l - \frac{2l_1}{3}\right) - \right.$$

$$\left. q_3 L\left(x - l_2 - \frac{L}{2}\right) - \frac{q_2 (x-l_3)^2}{2}\right]\mathrm{d}x \qquad (3\text{-}72)$$

(5) 当 $l_3 + c < x$ 时,EF 段的应变能

$$V_{\varepsilon_5} = \frac{6}{Ebd^3} \int_{l_3+c}^{\infty} M_5^2(x)\,\mathrm{d}x$$

$$= \frac{6}{Ebd^3}\int_{l_3+c}^{\infty}\left[\frac{q}{2}x^2 - \frac{q_4 l_1}{2}\left(x-l-\frac{2l_1}{3}\right) - q_3 L\left(x-l_2-\frac{L}{2}\right) - \right.$$

$$\left. q_2 c\left(x-l_3-\frac{c}{2}\right) - \frac{q_1\,(x-l_3-c)^2}{2}\right]\mathrm{d}x \qquad (3\text{-}73)$$

对上述公式求积分可以得到：

$$V_{\varepsilon_1} = \frac{6}{Ebd^3}\cdot\frac{q^2 l^5}{20} = \frac{3q^2 l^5}{10Ebd^3} \qquad (3\text{-}74)$$

$$V_{\varepsilon_2} = \frac{6}{Ebd^3}\int_{l}^{l_2}M_2^2(x)\mathrm{d}x$$

$$= \frac{6}{Ebd^3}\left[\frac{(l_2^5-l^5)q^2}{20} + \frac{(l_2^7-l^7)q_4^2}{252l_1^2} + \frac{(l_2 l^6-l_2^6 l-5l_2^4 l^3+5l_2^3 l^4)q_4^2}{36l_1^2} + \right.$$

$$\left. \frac{(l_2^5 l^2-l_2^2 l^5)q_4^2}{12l_1^2} - \frac{l^6 q_4 q}{360l_1} - \frac{l_2^6 q_4 q}{36l_1} + \frac{l_2^5 l q_4 q}{10l_1} - \frac{l_2^4 l^2 q_4 q}{8l_1} + \frac{l_2^3 l^3 q_4 q}{18l_1}\right] \quad (3\text{-}75)$$

$$V_{\varepsilon_3} = \frac{6}{Ebd^3}\int_{l_2}^{l_3}M_3^2(x)\mathrm{d}x$$

$$= \frac{6}{Ebd^3}\left\{l_3\left\{l_3\left\{\begin{array}{l}\dfrac{[3l_2 q_3-2l_1 q_4(l+2l_2)](6q_1 q_4-2l_2 q_3)}{12} + \\[2mm] l_3\left[\dfrac{(l_1 q_4-2l_2 q_3)^2}{12} - \dfrac{(q-q_3)[3l_2^2 q_3-l_1 q_4(l+2l_2)]}{18}\right] + \\[2mm] l_3\left[\dfrac{(q-q_3)^2 l_3}{5} - \dfrac{(q-q_3)(l_1 q_4-2l_2 q_3)}{8}\right]\end{array}\right\} + \cdots\right\}\right\}$$

$$(3\text{-}76)$$

由于应变能积分方程中参数过多，求积分后，公式非常复杂，在此，直接代入实际参数求解顶板结构破断时的能量判据。

顶板总应变能 V_ε 为每段应变能之和，因此

$$V_\varepsilon = V_{\varepsilon_1} + V_{\varepsilon_2} + V_{\varepsilon_3} + V_{\varepsilon_4} + V_{\varepsilon_5} \qquad (3\text{-}77)$$

由 3.3.3 弯矩方程求得的规律，当 $x=37.5$ 时，顶板结构达到破断极限，将 $x=37.5$ 代入式(3-77)求此时的应变能为 1.32×10^9 J。

3.3.4　顶板切落冲击载荷分析

由 3.3.3 分析，当煤层厚度较大，端头不放煤段长度为 0 时，顶板易发生台阶切落失稳。当发生台阶切落失稳时，顶板块体对下部液压支架造成冲击来压，造成支架压架或被压垮，因此需对顶板及液压支架进行受力及动载分析，简化力学模型如图 3-22 所示。

块体 A 即为顶板的关键块体，重力为 $m_A g$，高度为 L_1，横截面积为 $S_A=l^2/2$；块体 B 即为液压支架部分，重力为 $m_B g$，高度为 L_2，横截面积为 $S_B=l\times d$；物块 A 以初速度为 0 从高度为 h 处下落，对物块 B 形成冲击动载荷。

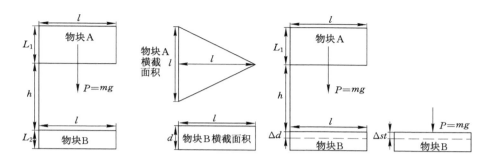

图 3-22　顶板冲击载荷简化模型图

假设：① 冲击物块 A 视为刚体，不考虑其变形；② 被冲击物块 B 的质量远小于冲击物块 A 的质量；③ 不考虑冲击时热能等的损失，即认为只有系统的动能与势能之间转化。

采用能量法进行科学计算，重为 P 的物块 A 从距物块 B 顶端高度为 h 处自由落下并冲击到物块 B 的顶面上，然后冲击物块 A 附着于物块 B 而作为一个运动系统。当物块 A 的速度随物块 B 变形的增长而逐渐降至 0 时，物块 B 的变形达到最大值 Δd，与之对应的冲击载荷为 F_d。

根据能量守恒定律可知，冲击物从初始位置到冲击后速度降为 0，所减少的动能 ΔT 和势能 ΔV 应全部转化为受冲击构件的应变能 $V_{\varepsilon d}$，即：

$$\Delta T + \Delta V = V_{\varepsilon d} \tag{3-78}$$

图 3-22 中，冲击物势能的减少量为：

$$\Delta V = P(H + \Delta d) = P\left(\frac{L_1}{2} + h + \Delta d\right) \tag{3-79}$$

式中，H 为冲击物块 A 的重心至被冲击物块 B 的距离，$H = \dfrac{L_1}{2} + h$。

冲击物的初速度与最终速度均为 0，故动能无变化。

$$\Delta T = 0 \tag{3-80}$$

由试验可知，构件在动载荷作用下，在线弹性范围内，力与变形的关系仍服从胡克定律，故有：

$$\frac{F_d}{P} = \frac{\Delta d}{\Delta st} \tag{3-81}$$

即：

$$F_d = \frac{\Delta d}{\Delta st} P \tag{3-82}$$

式中，Δst 为弹性系统在静载荷 P 作用下产生的变形；Δd 为冲击载荷作用下产生的冲击变形。

在冲击过程，F_d 和 Δd 都由零增至最大值，故物块 B 的应变能为：

$$V_{\varepsilon d} = \frac{1}{2} F_d \Delta d \qquad (3\text{-}83)$$

将式(3-82)代入式(3-83)，得：

$$V_{\varepsilon d} = \frac{P}{2\Delta st} \Delta d^2$$

将式(3-79)、式(3-80)、式(3-83)代入式(3-78)中，得到：

$$P(H + \Delta d) = \frac{P}{2\Delta st} \Delta d^2$$

或者写成 $\qquad \Delta d^2 - 2\Delta st\Delta d - 2H\Delta st = 0$

由此解出

$$\Delta d = \Delta st \left(1 + \sqrt{1 + \frac{2H}{\Delta st}}\right) \qquad (3\text{-}84)$$

记自由落体冲击情况下的动载因数 K_d 为：

$$K_d = 1 + \sqrt{1 + \frac{2H}{\Delta st}} \qquad (3\text{-}85)$$

在静载荷 P 作用下的弹性变形为：

$$\Delta st = \varepsilon L_2 = \frac{PL_2}{ES_B} = \frac{PL_2}{Eld} \qquad (3\text{-}86)$$

将式(3-86)代入式(3-85)中，得：

$$K_d = 1 + \sqrt{1 + \frac{(2h + L_1)Eld}{PL_2}} \qquad (3\text{-}87)$$

综合上式可得，冲击载荷 F_d 为：

$$F_d = K_d P = P\left[1 + \sqrt{1 + \frac{(2h + L_1)Eld}{PL_2}}\right] \qquad (3\text{-}88)$$

由公式(3-88)可知，冲击载荷与冲击物块的重力 P、高度 h、厚度 L_1 和被冲击物块的横截面积、弹性模量 E 成正相关，与被冲击物块 B 的厚度 L_2 成反比。

根据现场实际情况，可以将物块 A 等价于顶板关键块体，将物块 B 等价于垮落后的直接顶，直接顶与端头支架直接接触，关键块体与直接顶间的距离为 h，假设直接顶底部与端头支架顶部为直接力学传递，即关键块体下落对端头支架的冲击作用经直接顶缓冲后，仍能有效地作用于端头支架。将现场数据代入式(3-88)，研究下落高度 h 对端头支架的影响，关键块体对端头支架顶部压力随下落高度的变化曲线如图 3-23 所示。

由图 3-23 可知，随着下落高度逐渐增加，关键块体对支架顶部的压力逐渐

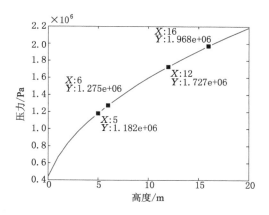

图 3-23　下落高度与支架顶部压力的规律曲线

增大。根据不连沟煤矿的支架型号得到,端头支架所能提供的最大支护强度为 1.26 MPa,超过最大支护强度,支架将被压垮。通过图 3-23 所示,不连沟煤矿端头支架所能承受的最大下落高度为 5.84 m。

3.4　小结

（1）基于采动岩体结构运动的关键层理论、基本顶及关键层的断裂规律、S-R稳定性原理,分析了综放巷道围岩上覆岩体结构与采场上覆岩体结构在方向、结构、受力、特征等方面的异同点,提出了基于全空间的综放开采巷道围岩"内外结构"概念,建立了基本顶及上覆岩体的结构力学模型,确定了上覆岩体的结构参数、采空区侧断裂线位置及关键块体下沉量的计算公式。

（2）根据巷道围岩关键块体的结构变化特征,构建了上覆岩体铰接和切落结构模型,深入研究了上覆岩体的变形破断及运动规律,给出了巷道围岩关键块体的失稳判据。

易发生滑落失稳的判据为 $h+h_1 \geqslant \dfrac{[2i+\sin\theta_1(\cos\theta_1-2)](i-\sin\theta_1)\sigma_c^*}{5\rho g(4i\sin\theta_1+2\cos\theta_1)}$;

易发生回转失稳的判据为 $i \geqslant \dfrac{2\cos\theta_1+3\sin\theta_1}{4(1-\sin\theta_1)}$;

易发生切落失稳的判据为 $i \geqslant 0.5+2\sin\theta_{1max}-\sin\theta_1$。

（3）借助弹性力学修正了基于极限平衡理论的煤体边缘力学平衡方程,建立了巷道侧煤柱边缘煤体和采空区侧煤柱边缘煤体的力学模型,得到了煤体边缘应力分布和塑性区宽度与煤层开采高度 m、煤层厚度 M、煤体与顶板间的黏

聚力 c_0、内摩擦角 φ_0、煤体的极限强度 σ_{y_p} 等的变化规律,推导出了煤柱边缘塑性区内应力及塑性区宽度的关系式和区段煤柱合理宽度 B 的计算公式。

① 巷道侧煤柱边缘塑性区和应力关系式:$x_p = \dfrac{m\beta}{2\tan\varphi_0}\ln\left[\dfrac{\sigma_{y_p} + \dfrac{c_0}{\tan\varphi_0}}{\dfrac{c_0}{\tan\varphi_0} + \dfrac{P_t}{\beta}}\right]$。

② 采空区侧煤柱边缘塑性区和应力关系式:

a. 无支护条件下 $x_s = \dfrac{M\beta}{2\tan\varphi_0}\ln\left[\dfrac{\sigma_{y_s}\tan\varphi_0}{c_0} + 1\right]$;

b. 有支护条件下 $x_s = \dfrac{M\beta}{2\tan\varphi_0}\ln\left[\dfrac{2\beta(\sigma_{y_s}\tan\varphi_0 + c_0)}{2\beta c_0 + \gamma M^2\tan\varphi_0(1 - \sin\varphi_0)}\right]$。

③ 区段煤柱合理宽度 $B = \dfrac{7kM\beta}{10\tan\varphi_0}\ln\left[\dfrac{\beta(\sigma_{y_p}\tan\varphi_0 + c_0)(\sigma_{y_s}\tan\varphi_0 + c_0)}{c_0(c_0\beta + P_t\tan\varphi_0)}\right]$。

(4)建立了内、外结构悬臂梁模型,得到了不放煤段长度、煤层厚度、煤柱宽度等多因素耦合情况下的弯矩组合方程,并运用能量法,给出了结构破坏的能量判据,得到了顶板切落情况下的动载因数 K_d 和冲击载荷 F_d 的计算公式。

$$F_d = K_d P = P\left[1 + \sqrt{1 + \dfrac{(2h + L_1)Eld_2}{PL_2}}\right]$$

4 围岩裂隙发育及破断规律研究

本章在第3章覆岩结构及煤柱结构力学模型理论研究的基础上,基于相似理论,利用围岩结构在受到扰动时所表现出的特征来研究其变形及破断规律。相似材料试验具有直观性强、灵活性好、效率高、重复性好等优点,能够有效弥补和解决部分理论分析难以获取结果的问题,同时能与理论研究进行比较和验证。现在相似材料模拟试验已成为研究巷道围岩裂隙发育及破断特征的重要手段,与理论研究和数值计算相结合,可为煤矿现场试验提供理论依据,对指导工程实践具有重要意义。

本章结合不连沟煤矿的生产地质条件,构建了完备的相似材料模型试验平台,基于正交组合试验分析方法大量铺设相似材料模型,模型集覆岩、顶板、煤柱、巷道多位一体,并全程采用数字摄影测量技术和数字高速应变采集系统,对试验数据进行科学分析。本章通过相似材料模型试验研究以下问题:

(1)综放开采巷道上覆岩体破断结构特征及其稳定性问题,共铺设2个对比分析模型,主要对比研究单一关键层和复合关键层两种覆岩结构下顶板及覆岩的变形破坏特征,分析位移、应力变化规律,归纳总结巷道上覆岩体结构及力学变化规律。

(2)综放开采巷道围岩变形规律及稳定性分析,采用多因素交叉分析方法,共铺设5个对比分析模型,主要对比研究煤柱宽度、端头不放煤段长度和煤层厚度3个因素对巷道围岩稳定性的影响,分析巷道围岩的结构特征、位移矢量、应力变化,得到各因素影响巷道围岩稳定性的规律方程。

4.1 地质条件

地表为粉砂质黄土层,上有植被生长,有少量农田。地表标高为1 114~1 247 m。东部沟壑发育,最大冲沟为不连沟、清水沟及分支沟,均斜穿工作面。不连沟常年流水,斜穿工作面310 m左右,走向NE-SW,沟底最低标高为1 114 m(切眼处)。

煤层结构复杂,含夹矸4~7层,多集中在煤层的上部。

伪顶:灰黑色碳质泥岩,厚度为 0.30～0.94 m,赋存不稳定,薄层状结构。

直接顶:泥岩、粉砂岩、细砂岩,灰色,厚度为 0～9.9 m,局部夹碳质岩薄层,致密,较坚硬。

基本顶:粗砂岩,厚度为 13.3～16.7 m。在 Y0307 孔处 6 号煤直接与基本顶砂岩接触。在切眼附近基本顶为砂砾岩层。

直接底:泥岩、砂质泥岩、粉砂岩,厚度 0.5～6.5 m。

煤岩层综合柱状图如图 4-1 所示。

地层单位 系	地层单位 组	柱状 1:200	岩石名称	层厚/m (最小～最大/平均)	累计深度/m	岩性描述
第四系		1	黄土层	0~32/16	16	地表为风积砂、冲洪积砂砾层、淤泥等。马兰组黄土层,柱状节理发育,含钙质结核。
新近系		2	红土层	0~28/14	20	主要为红色,砖红色黏土,局部为粉砂质黏土,下部夹钙质结核层。
白垩系		3	砂砾岩	81~141/86	116	砂砾岩:紫红色,中厚层状,粗砾结构,成分以石英岩屑为主呈,次圆状,分选差。
白垩系		4	玄武岩	0~10/5	121	玄武岩:黑色,致密块状具少量杏仁构造。
白垩系		5	砂砾岩	13~24.7/16	137	砂砾岩:紫红色、杂色,巨厚层状,分选极差,砾石大小不等,成分复杂,砾石以花岗岩及石英岩为主,与下伏地层为不整合接触。
二叠系		6	砂质泥岩/细砂岩/粉砂岩	19.8~24/20	157	砂质泥岩:紫红色,薄层状泥质结构,平坦-参差状断口。
二叠系		7	K3粗砂岩	0.0~16.7/8.3	165.3	粗砂岩:灰黄色及灰白色,厚层状,粗粒砂状结构,成分以石英岩屑为主,呈次棱角状,分选差,局部含砾泥质,孔隙式胶结为主。
二叠系		8	细砂岩	0.0~13.8/6.3	171.6	细砂岩:灰白色,块状,以石英为主,长石次之,十分坚硬,上部含有碳质泥岩和煤线。
石炭系	太原组 C3t	9	6煤上	0.0~2.1/1.3	172.9	泥岩:褐色,薄层状泥质结构,局部夹煤线,岩石破碎呈碎状、平坦状断口。
石炭系	太原组 C3t	10	粉砂岩	0.0~3.6/2.1	175.0	粉砂岩:灰色,厚层状泥质结构,局部含植物碎屑,岩石失水后易碎,裂隙较发育。
石炭系	太原组 C3t	11	粗砂岩	13~16.7/15.0	190.0	在Y0307孔附近6煤直接顶为粗砂岩,层厚16.7 m。局部富含砂岩裂隙水。
石炭系	太原组 C3t	12	泥岩	0.0~9.9/5.0	195.0	泥岩:黑褐色,薄层状泥质结构,局部夹煤线,岩石破碎呈碎块状、平坦状断口。
石炭系	太原组 C3t	13	6煤层 (夹矸4~9层厚1.1~2.1 m/1.6 m)	9.3~23.6/16 净煤厚,(0.2~21.6)/(12.2)	211	煤:黑褐色。弱沥青光泽以暗煤为主,参差状断口间夹少量亮煤条带,属暗淡型煤,局部为条带状结构块状构造,局部有黄铁矿富集。
石炭系	太原组 C3t	14 (0.3 0.1 0.1 0.1)	泥岩 砂质泥岩	0.5~1.6/1.1	212.1	泥岩:浅灰色,中厚层状,含黄铁矿结核。砂质泥岩:浅灰色,厚层状,平坦状断口。
石炭系	太原组 C3t	15	细砂岩	0.0~6.5/3.0	215.1	细粒砂岩:灰白色,块状,以石英为主,长石次之,孔隙式胶结,坚硬,夹有少量炭屑。
石炭系	太原组 C3t	16	碳质泥岩	0.5~1.5/0.8	215.9	碳质泥岩:黑褐色薄层状泥质结构,含炭屑。
石炭系	太原组 C3t	17	细砂岩	1.2~3.9/2.5	217.4	细粒砂岩:浅灰色,成分为石英、长石,钙质胶结,交错层理。
石炭系	太原组 C3t	18	粗砂岩	4.3~7.8/5.6	223	粗砂岩:灰白色,厚层状,成分以石英岩屑为主,呈次棱角状,泥质孔隙式胶结。
石炭系	太原组 C3t	19	6下煤层	0.0~1.7/0.9	223.9	黑色薄层状。
石炭系	太原组 C3t	20	细砂岩	1.6~4.4/3.8	227.7	细粒砂岩:灰白色,以石英为主,长石次之,孔隙式胶结,坚硬,参差状断口。
石炭系	太原组 C3t	21	K2粗砂岩	0.0~10.1/5.0	232.7	粗砂岩:灰白色,厚层状,成分以石英岩屑为主,呈次棱角状,分选中等,泥质孔隙式胶结。
石炭系	太原组 C3t	22	9上煤	1.2~7.6/3.6	236.3	煤:黑色,黑褐色,以暗煤为主,含少量丝炭残理状镜煤条带。
石炭系	太原组 C3t	23	砂/泥岩层	0.8~10.5/6.0	242.3	砂质泥岩:灰色,中厚层状,泥质结构,裂隙发育,参差状断口。
石炭系	太原组 C3t	24	9煤	1.3~9.4/6.4	248.7	煤:黑色、黑褐色,以暗煤为主,含少量丝炭残理状镜煤条带。含夹矸1～5层。
石炭系	太原组 C3t	25	泥岩	0.0~1.4/0.8	249.5	泥岩:灰色,薄层,泥质结构,性脆,裂隙发育,夹有煤线。
石炭系	太原组 C3t	26	K1砂岩	2.6~10/6.0	255.5	粗砂岩:灰白色,厚层状,成分以石英岩屑为主,呈次棱角状,泥质孔隙式胶结。
石炭系	本溪组 C2b	27	黏土岩 泥岩 砂岩	1.5~25/11.3	266.8	岩性由灰色、深灰色黏土岩、泥岩、砂岩组成。底部为较稳定的铝土质泥岩(G层铝土矿)和鸡窝状褐铁矿层(山西式铁矿)。
奥陶系	O1m	28	灰岩	0~0/0	266.8	本面钻孔没有揭露。

图 4-1　煤岩层柱状图

4.2　综放开采巷道上覆岩体破断结构研究

4.2.1　覆岩结构模型试验设计

相似材料试验模型从地表铺设至开采煤层底板,实现全层位相似模拟。试验铺设2个对比模型,分别为单一关键层覆岩和复合关键层覆岩,两个模型选取相同的比例参数,其主要区别在于改变单一关键层中部分岩层的物理力学特性,使覆岩变成复合关键层结构。

（1）模型试验台及测试系统

相似材料模型试验系统由模型试验台和测试及数据采集两部分组成,相似材料模型试验采用长×高×宽＝1.40 m×1.30 m×0.12 m平面模型试验台和数字摄影测量系统,试验台及数字摄影测量系统如图4-2所示。

图 4-2　平面模型试验台及数字摄影测量系统

（2）相似材料配比的确定

在选取相似材料时,基于以下原则:

① 模型与原型相应部分材料的主要物理力学性能相似;

② 力学指标稳定,不因大气温度、湿度变化而改变力学性能;

③ 改变配比后,能使其力学指标大幅度变化,以便选择使用;

④ 制作方便,凝固时间短,便于铺设。

根据以上原则及经验,本次模型试验选择的相似材料如图4-3所示。

骨料:普通河砂（粒径小于 3 mm）;胶结材料:石膏、石灰;分层材料:云母粉。

（3）相似模型参数

两个模型模拟自地表至煤层底板总厚233.7 m的煤岩层,共铺设39层煤岩

图 4-3 相似材料

层,其中煤层厚度为 16 m。取模型几何相似比 $\alpha_l = y_m/y_p = z_m/z_p = 1/200$,容重相似系数 $\alpha_\gamma = \gamma_{mi}/\gamma_{pi} = 0.6$,弹性模量相似系数 $\alpha_E = \alpha_r \cdot \alpha_l = 1/333$,模型参数见表 4-1。

表 4-1　　　　　　　　　　　覆岩结构模型参数表

模型比例尺	1/200
模型煤层厚度	0.16 m
模型宽度	1.40 m
模型架高度	1.30 m
时间系数	$1/\sqrt{200}$
容重系数	0.6
力学相似系数	1/333

（4）模型分层方案

模型分层方案的选取应严格遵守模拟地层的取舍原则：

① 模型的分层铺设厚度为 1.0 cm,对于模拟的地层厚度小于 0.3 m 应综合取舍；

② 岩性接近的地层综合,取加权平均的岩性参数；

③ 对岩层(坚硬、软弱岩层)界面应严格确定。

覆岩结构模型铺设方案如图 4-4(图中数据单位为 cm)所示。

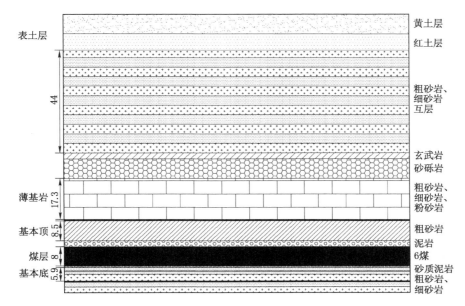

图 4-4　覆岩结构模型铺设方案图

具体铺设模型分层方案见表 4-2。

表 4-2　　　　　　　覆岩结构模型分层方案表

岩层序号	岩性名称	厚度(1∶200)		累计厚度(1∶200)		分层数	分层高度/cm
		原型/m	模型/cm	原型/m	模型/cm		
1	黄土层	16.0	8.0	16.0	8.0	2	4.0
2	红土层	14.0	7.0	30.0	15.0	2	3.0、4.0
3	粗砂岩、细砂岩互层	86.0	43.0	116.0	58.0	11	4.0×10.0、3.0
4	玄武岩	5.0	2.5	121.0	60.5	1	2.5
5	砂砾岩	16.0	8.0	137.0	68.5	2	4.0×2.0
6	砂质泥岩、细砂岩、粉砂岩	20.0	10.0	157.0	78.5	3	3.0×2.0、4.0
7	K3 粗砂岩	8.3	4.1	165.3	82.6	1	4.1
8	细砂岩	6.3	3.2	171.6	85.8	1	3.2

续表 4-2

岩层序号	岩性名称		厚度（1:200）		累计厚度（1:200）		分层数	分层高度/cm
			原型/m	模型/cm	原型/m	模型/cm		
9	6上煤		1.3	0.7	172.9	86.5	1	0.7
10	粉砂岩		2.1	1.0	175.0	87.5	1	1.0
11	粗砂岩		15.0	7.5	190.0	95.0	2	3.5,4.0
12	泥岩		5.0	2.5	195.0	97.5	1	2.5
13	6煤	上部	6.0	3.0	201.0	100.5	1	3.0
		中部	6.0	3.0	207.0	103.5	1	3.0
		下部	4.0	2.0	211.0	105.5	1	2.0
14	泥岩、砂质泥岩		1.1	0.6	212.1	106.1	1	0.6
15	细砂岩		3.0	1.5	215.1	107.6	1	1.5
16	碳质泥岩		0.8	0.4	215.9	108.1	1	0.4
17	细砂岩		2.5	1.2	218.4	109.2	1	1.2
18	粗砂岩		5.6	2.8	224.0	112.0	1	2.8
19	6下煤		0.9	0.5	224.9	112.5	1	0.5
20	细砂岩		3.8	1.9	228.7	114.4	1	1.9
21	K2粗砂岩		5.0	2.5	233.7	116.9	1	2.5
合计			233.7	116.9			39	116.9

（5）监测仪器及测站布置

模型监测仪器如图 4-5 所示。

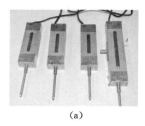 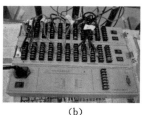 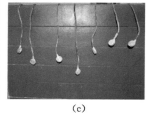

(a)   (b)   (c)

图 4-5　监测仪器

（a）位移计；（b）数字高速应变仪；（c）金属应变传感器

　　模型中共布置横向层位测线 3 条，纵向层位测线 2 条，埋设 15 个金属应变传感器测点，主要监测横向与纵向层位的位移及应力变化，如图 4-6 所示。同时在模型表面安设标记测点，供数字摄影测量系统采集分析使用。

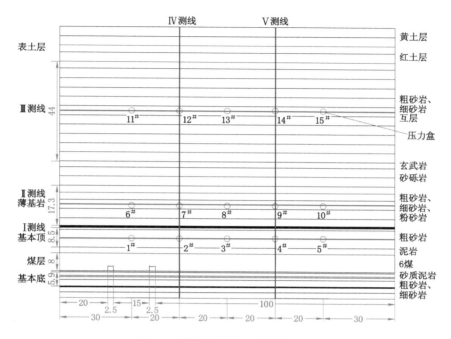

图 4-6　覆岩结构模型测点布置图

（6）模型加载与试验过程

覆岩结构模型主要研究在开采过程中，单一关键层结构和复合关键层结构的变形特征及其运动规律，验证上覆岩体结构破断及失稳形态，总结覆岩结构的位移和应力变化规律。由于工作面倾向长度相对于巷道横向尺寸可近似看作无限长，可以垂直于工作面走向取截面，建立平面应变模型进行研究。

试验中对模型的开采过程可以理解为工作面液压支架的推移及放煤过程，整个模型的重点在于关键层对覆岩运动及力学传递过程的影响。首先在距离模型左边界 200 mm 的位置，沿煤层底部，开挖高度为 20 mm、长度为 25 mm 的辅助运输巷，在辅助运输巷右侧预留 150 mm 的煤柱，在煤柱右侧开挖高度为 20 mm、长度为 25 mm 的运输巷；模型采用自右向左开挖的方法，采煤机割煤高度为 2 mm，放煤高度为 6 mm，采放比为 1∶3。试验模拟过程中采用随采随放的开挖方式，每开挖一步进行一次放煤，开挖过程直至与运输巷贯通。

4.2.2　上覆岩体结构特征分析

为了更加直观地研究关键层对上覆岩层稳定性的影响，按照试验设计分别逐步开挖单一关键层模型和复合关键层模型，其上覆岩体结构破断特征分别如图 4-7、图 4-8 所示。

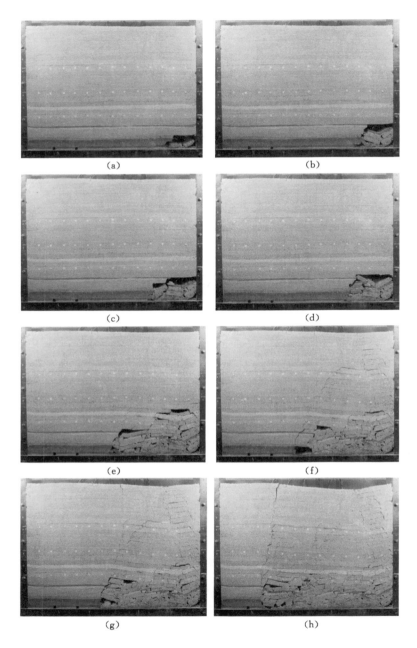

图 4-7　单一关键层覆岩结构变形特征

（a）直接顶垮落；（b）基本顶初次来压；（c）周期来压；（d）基本顶二次来压；

（e）关键层断裂；（f）传递至地表；（g）超前裂纹扩展；（h）地表台阶下沉

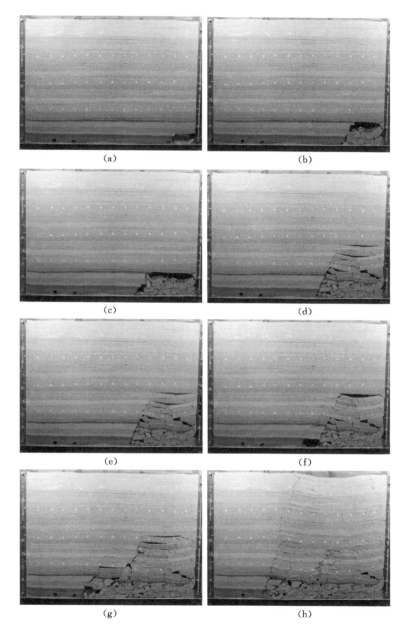

图 4-8　复合关键层覆岩结构变形特征

（a）直接顶垮落；（b）基本顶初次来压；（c）周期来压；（d）亚关键层断裂；

（e）离层悬梁；（f）周期性破断；（g）主关键层断裂；（h）地表弯曲下沉

由图 4-7 和图 4-8 可以看出,煤层开采阶段,单一关键层和复合关键层上覆岩层结构破断特征表现出了明显差异:

① 初次来压方面,单一关键层初次来压步距为 52.5 m,复合关键层则明显具有滞后性,初次来压步距为 63.0 m,如图 4-7(b)和图 4-8(b)所示。

② 周期来压方面,单一关键层周期来压稳定,来压步距为 19.2 m,切落块体规整,复合关键层周期来压存在波动性,变化幅度较大,来压步距为 15.4~23.2 m 不等,且有上下岩层交叉垮落的现象,岩层相互交叉搭接,如图 4-7(e)和图 4-8(e)所示。

③ 岩体离层方面,单一关键层空顶间距小,稍有离层即由上部岩层垮落压实,复合关键层空顶间距明显大于单一关键层,且空顶时间长,一旦发生破断,压力显现明显,如图 4-7(f)和图 4-8(f)所示。

④ 在裂隙发育方面,单一关键层伴随煤层开采,裂隙发育清晰可见,条缝裂隙贯通采场和地表,并伴随超前影响裂隙发育,复合关键层则由于关键层的阻隔承载作用,裂隙无法直达地表,需等关键层破断后才能沿破断线延伸发育,如图 4-7(g)和图 4-8(g)所示。

⑤ 在地表沉陷方面,单一关键层覆岩很难形成"三带",破断运动多直接波及地表,来压存在明显动载现象,地表台阶下沉现象明显,复合关键层则表现出以往煤层开采所特有的"三带",地表弯曲下沉,弧形沉降线明显,如图 4-7(h)和图 4-8(h)所示。

4.2.3 裂隙发育位移矢量分析

试验通过自主研发的 PhotoInfor 图像处理软件进行岩层位移追踪分析,根据图像像素点坐标进行计算,输出结果通过像素坐标和实际坐标换算,进行位移处理,网格划分如图 4-9 所示。

对两个模型的开挖步距及关键时间点进行数值化对比分析,得到单一关键层模型与复合关键层模型的位移矢量对比云图,如图 4-10 和图 4-11 所示,其中,每个模型组图中包括 5 张小图。位移矢量云图中横纵坐标为像素点数据,其与现场的对应比例关系为:100 对应 12.7 m,即每 100 个像素点对应现场 12.7 m。由此,我们也可以得出,网格划分的区域为宽×高=254.8 m×151.0 m。图中箭头大小表示位移矢量的大小。

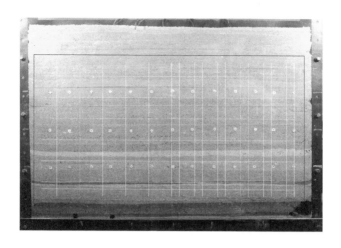

图 4-9　模型网格区间划分

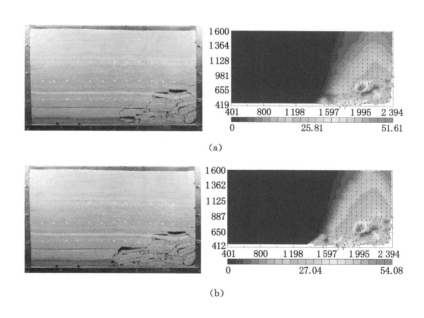

(a)

(b)

图 4-10　单一关键层覆岩变形位移矢量云图
（a）关键层结构断裂；（b）顶板及关键层台阶切落

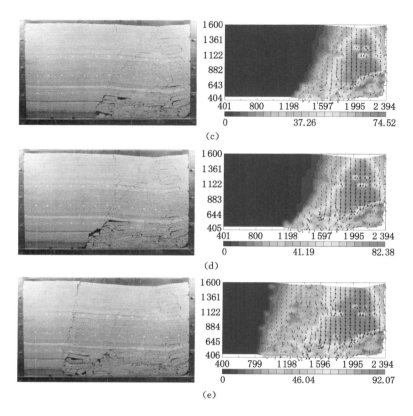

续图 4-10 单一关键层覆岩变形位移矢量云图
(c) 超前裂隙发育;(d) 地表沉陷;(e) 地表台阶下沉及采空区稳定

对比图 4-10 与图 4-11 位移矢量云图可知:

① 关键层断裂时间效应分析。单一关键层破断后,裂隙迅速发育并向上部岩层延伸,传播至地表,伴随地表的位移下沉,如图 4-10(a)所示;复合关键层分为主关键层和亚关键层,其亚关键层的破断要晚于单一关键层,如图 4-11(b)所示。

② 覆岩裂隙延展性及破断间歇性分析。单一关键层破断后直接波及地表,如图 4-10(d)所示;复合关键层结构断裂滞后性明显,同时,在亚关键层向主关键层能量传递过程中,伴随不稳定的周期来压,裂隙发育受主关键层阻隔,无法向上部岩体扩展,如图 4-11(d)所示。

③ 覆岩位移矢量分析。单一关键层位移矢量方向统一,表现为垂向位移,如图 4-10(e)所示;复合关键层位移矢量方向受主关键层影响,在主关键层上部

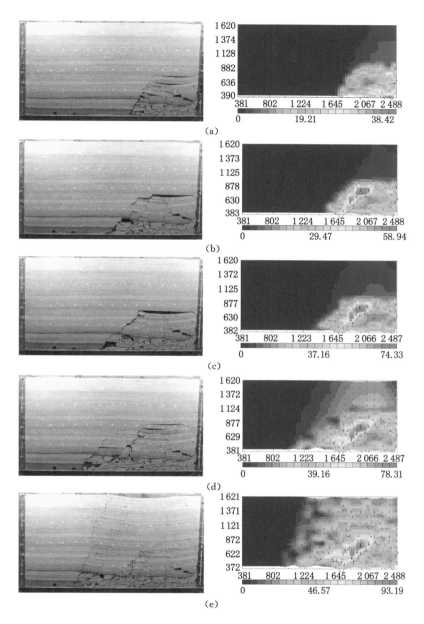

图 4-11　复合关键层上覆岩层位移矢量云图

（a）滑落变形失稳；（b）亚关键层断裂；（c）岩层层间离层；

（d）主关键层断裂；（e）地表沉陷及采空区稳定

未发生明显位移,主关键层下部位移方向为岩块滑落失稳的方向,待到主关键层断裂后,上部覆岩才发生垂向下沉,但位移量明显小于单一关键层。

4.2.4 关键块体破断结构分析

结合 3.1 节覆岩结构稳定性分析,对单一关键层和复合关键层的关键块体及相关参数指标进行验证性分析,其中,块度 i、角度 θ 是主要研究对象。

(1)顶板冒落角分析

顶板冒落角是顶板冒落后,顶板层面与顶板断裂线的夹角,是反映顶板破断形式及结构变化的重要指标之一,为了更加全面地了解顶板断裂线的位置,有必要对开采过程中顶板冒落角的变化规律进行系统研究,如图 4-12 所示。

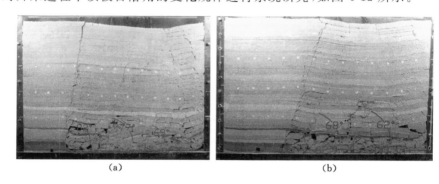

(a)　　　　　　　　　　　　(b)

图 4-12　覆岩冒落角变化特征图

(a)单一关键层;(b)复合关键层

为了方便利用数学方法进行计算分析,将图 4-12 中数据进行汇总,见表 4-3。

表 4-3　　　　　　　　　　冒落角与推进距离关系表

单一关键层覆岩	冒落角/(°)	69	77	82
	推进距离/m	82.0	142.6	205.0
复合关键层覆岩	冒落角/(°)	62	68	72
	推进距离/m	100.3	163.1	193.0

利用 MATLAB 软件绘制冒落角随推进距离的规律曲线,如图 4-13 所示。

由图 4-13 得到,经历初次来压之后,顶板冒落角随推进距离表现出线性增加趋势,这与上覆岩层关键层结构和采空区破碎岩体压实有密切关系。下面给出冒落角随推进距离变化的规律方程。

① 单一关键层规律方程

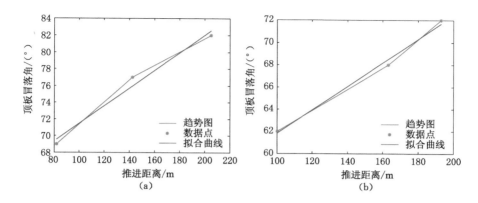

图 4-13　覆岩冒落角变化规律曲线

(a) 单一关键层;(b) 复合关键层

$$y = 0.105\ 6x + 60.883\ 2 \tag{4-1}$$

② 复合关键层规律方程

$$y = 0.106\ 0x + 51.210\ 6 \tag{4-2}$$

(2) 关键块体分析

实测单一关键层和复合关键层关键块体结构,验证关键层失稳判据的置信区间及稳定性。模型开采过程中,关键块体的破断失稳情况如图 4-14 所示。

图 4-14　关键块体失稳结构特征

(a) 单一关键层关键块体结构;(b) 复合关键层关键块体结构

由图 4-14 得到,对于单一关键层破断,裂缝贯穿至地表,引起上部岩层同步协调下沉,地表台阶切落明显。破断后,形成砌体梁结构,继续支撑上覆岩层,B 块体长度为 40.4 m,C 块体长度为 35.5 m。对于复合关键层模型,中部岩层并无明显裂隙,"三带"表现明显,地表带有明显的弯曲下沉。

（3）地表变形分析

单一关键层和复合关键层的结构地表变形对比分析,如图 4-15 所示。

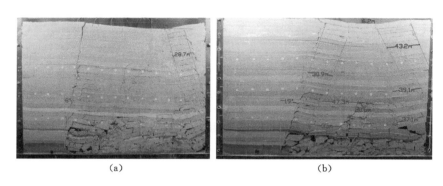

（a） （b）

图 4-15　地表变形特征图

（a）单一关键层地表变形;（b）复合关键层地表变形

由图 4-15 对比发现:单一关键层覆岩并未明显表现出以往工作面开采过程中的"离层—垮落—压实"三个过程,而是明显表现出浅埋单一关键层所特有的切落断顶特征,整个模型下部和上部岩层块体结构完整,顶板表现为随采随切,并快速向上层岩层及地表扩展,断裂线整齐,位移主要以垂向位移为主。16 m 厚的煤层,地表下沉量为 10.1 m,占煤层开采厚度的 63.12%。复合关键层覆岩结构复杂,岩体结构错动交叉,煤层顶板有台阶切落现象,但切落块度不同,伴随大小来压现象,地表下沉量为 6.2 m,占煤层厚度的 38.75%。

4.2.5　覆岩位移变化规律分析

根据位移计和 PhotoInfor 图像处理软件所监测的测点位移数据,绘制单一关键层和复合关键层的覆岩位移变化规律曲线,并进行对比分析,图中数据均为转化为现场原型之后的数据。

（1）单一关键层覆岩位移变化规律

模型在不同开挖阶段,单一关键层覆岩位移量变化规律如图 4-16 所示。

从图 4-16 可看出:单一关键层断裂,覆岩波及范围广泛,测线Ⅰ、测线Ⅱ、测线Ⅲ均受到不同程度的影响,以测线Ⅰ表现最为明显;同时,三条测线依次表现出类似的位移变化规律。

单一关键层覆岩不同层位表现出基本类似的位移变形规律,巷道围岩初始平衡状态下的位移变化量见表 4-4。

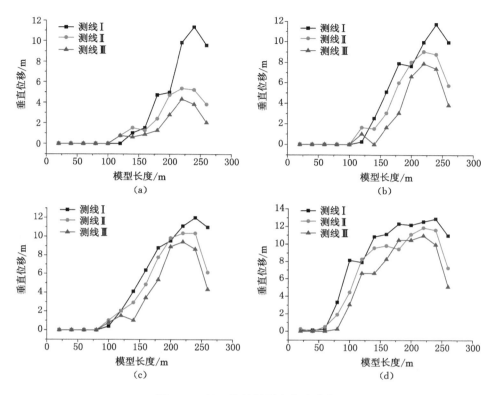

图 4-16 单一关键层覆岩位移曲线

（a）关键层结构断裂时;（b）顶板及关键层台阶切落后;（c）地表发生沉陷;（d）模型稳定后

表 4-4   单一关键层覆岩稳定状态下的位移量   单位:m

测点位置	测线 I	测线 II	测线 III
20	0.127 679	0	0
40	0.127 679	0	0
60	0.255 358	0.510 716	0
80	3.319 653	1.915 185	0.255 358
100	8.171 455	4.468 764	3.064 295
120	7.916 097	8.299 134	6.639 307
140	10.852 710	9.575 923	6.639 307
160	12.640 220	9.831 281	8.299 134
180	10.725 030	9.448 244	10.469 680
200	9.192 886	11.108 070	10.469 680

测点位置	测线 I	测线 II	测线 III
220	11.874 150	11.874 150	10.980 390
240	12.895 580	11.618 790	9.958 960
260	10.980 390	7.277 702	5.107 159

通过表 4-4 中的数据及图 4-16 表现出的覆岩位移变化曲线,运用数学软件对数据进行特征拟合,如图 4-17 所示。

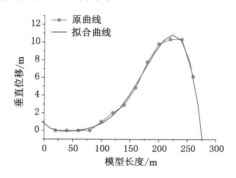

图 4-17　单一关键层覆岩位移变化规律曲线

运用高次方程拟合得到单一关键层覆岩位移变化规律方程:

$$y = 3.346 \times 10^{-13} x^6 - 4.352 \times 10^{-10} x^5 + 1.554 \times 10^{-7} x^4 - 2.212 \times 10^{-5} x^3 + 1.680 \times 10^{-3} x^2 - 6.175 \times 10^{-2} x + 0.743$$

对上式曲线方程进行降次化简得到:

$$y = 1.680 \times 10^{-3} x^2 - 6.175 \times 10^{-2} x + 0.743 \tag{4-3}$$

式(4-3)中方程的确定性系数 $R^2 = 99.597\%$,R^2 的值越接近 1,说明拟合程度越好,x 对 y 的解释能力越强。因此,单一关键层覆岩位移变化规律方程为:

$$y = 1.680 \times 10^{-3} x^2 - 6.175 \times 10^{-2} x + 0.743$$

(2) 复合关键层覆岩位移变化规律

模型在不同开挖阶段,复合关键层覆岩位移量变化规律如图 4-18 所示。

从图 4-18 看出:亚关键层断裂并未波及地表,在顶板上部软弱岩体中出现大面积离层;待到主关键层断裂,覆岩运动波及地表,地表出现阶段性下沉;主关键层断裂后,复合关键层覆岩位移变化规律表现出与单一关键层覆岩相类似的变化规律。

复合关键层覆岩初始平衡各测线表现出基本类似的位移变形规律,覆岩初始平衡状态下的位移变化量如表 4-5 所列。

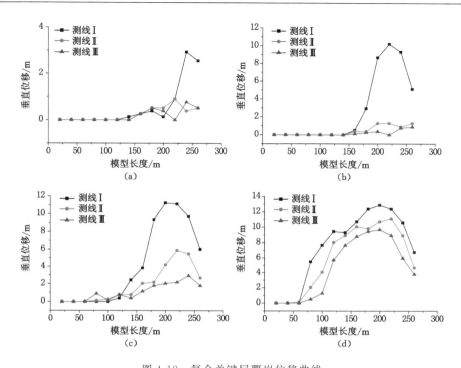

图 4-18　复合关键层覆岩位移曲线

（a）亚关键层结构断裂时；（b）顶板发生大面积离层后；（c）主关键层断裂后；（d）模型稳定后

表 4-5　　　　　　　　复合关键层覆岩稳定状态下的位移量　　　　　　　单位：m

测点位置	测线Ⅰ	测线Ⅱ	测线Ⅲ
20	0	0	0
40	0	0	0
60	0	0.127 679	0
80	5.490 196	2.042 864	0.510 716
100	7.660 739	4.085 727	1.276 790
120	9.448 244	8.043 776	5.745 554
140	9.320 565	8.937 528	7.660 739
160	10.725 030	10.086 640	8.809 850
180	12.384 860	9.831 281	9.448 244
200	12.895 580	10.725 030	9.703 602
220	12.384 860	11.108 070	8.937 528
240	10.597 360	8.937 528	6.000 912
260	6.766 986	4.724 122	3.830 369

通过表 4-5 中的数据及图 4-18 表现出的覆岩位移变化曲线,运用数学软件对数据进行特征拟合,如图 4-19 所示。

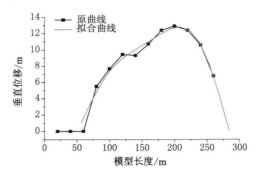

图 4-19　复合关键层覆岩位移变化规律曲线

运用类似于单一关键层求解的方法,对复合关键层进行高次方程拟合,并进行降次化简得到:

$$y = 0.018\,62x^2 - 0.585\,2x - 6.208 \tag{4-4}$$

方程的确定性系数 $R^2 = 98.047\%$ 接近于 1,说明拟合程度很好,因此,复合关键层的覆岩位移变化规律方程为 $y = 0.018\,62x^2 - 0.585\,2x - 6.208$。

（3）覆岩位移对比分析

单一关键层与复合关键层覆岩稳定后,不同层位的位移变化曲线如图 4-20 所示。

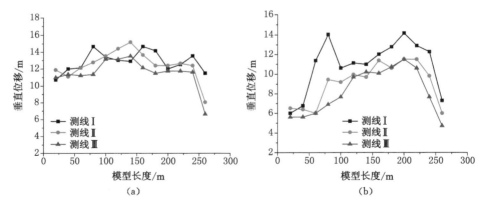

(a)　　　　　　　　　　(b)

图 4-20　覆岩稳定后位移对比分析曲线

（a）单一关键层;（b）复合关键层

从图 4-20 可看出,在采空区实体煤侧的覆岩结构,单一关键层覆岩出现台阶切落失稳,复合关键层受主-亚关键层的影响,表现为滑落失稳;关键层上部的测线Ⅱ与测线Ⅲ的层位,单一关键层的覆岩位移量大于复合关键层;单一关键层和复合关键层上部测线Ⅰ层位,覆岩位移表现出类似的位移变化规律,如图4-21所示。

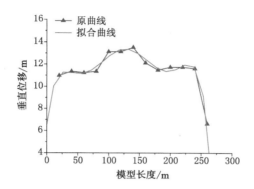

图 4-21　覆岩稳定后位移规律曲线

运用数据高次拟合的方法,得到拟合方程:

$$y = 2.067\ 4 \times 10^{-4} x^3 - 0.013\ 46 x^2 + 0.398\ 48x + 7.002\ 7 \tag{4-5}$$

方程的确定性系数 $R^2 = 97.671\%$ 接近于1,说明拟合程度很好。

4.2.6　覆岩应力变化规律分析

根据金属应变式传感器和数据采集仪所监测的测点应力数据,绘制单一关键层和复合关键层的覆岩应力变化规律曲线,并进行对比分析。

(1) 单一关键层覆岩应力变化规律

随着上区段工作面开采,上覆岩层出现不同层位的应力表现,根据图4-6所标注的应力测线,绘制测线Ⅰ、Ⅱ、Ⅲ所在层位覆岩的应力变化曲线,分析不同覆岩层位的垂直应力的分布规律,如图4-22所示,其中,测线Ⅰ、Ⅱ、Ⅲ为覆岩横向层位。

由图4-22可知,随巷旁工作面开挖,覆岩应力受采动影响,均表现为逐渐增大的趋势。测线Ⅰ上的 $2^\#$ 和 $4^\#$ 测点相距 80 m,先后受到采动影响,均表现为应力台阶式陡增,力学传递滞后 20 m,说明覆岩的破断距约为 20 m;测线Ⅱ中 $7^\#$ 测点表现为明显的台阶式应力传递;测线Ⅲ邻近地表,岩层以风积沙下的厚松散层为主,应力呈现小范围波动式递增。

测线Ⅰ、Ⅱ、Ⅲ为覆岩横向层位应力变化测线,测线Ⅳ、Ⅴ为覆岩纵向层位的应力变化测线。纵向层位的应力变化规律,如图4-23所示。运用数学分析方法对曲线进行规律性拟合。

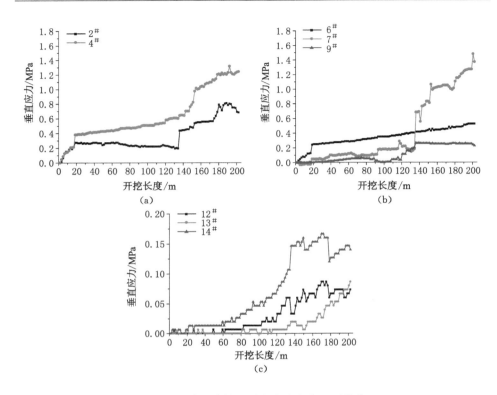

图 4-22 单一关键层覆岩应力变化监测曲线

（a）测线Ⅰ；（b）测线Ⅱ；（c）测线Ⅲ

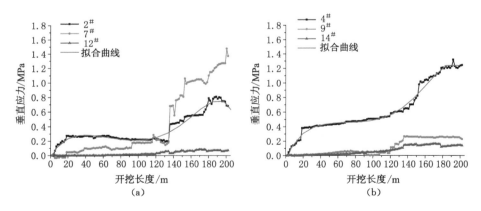

图 4-23 单一关键层覆岩应力变化规律曲线

（a）测线Ⅳ；（b）测线Ⅴ

由图 4-23 得到单一关键层覆岩应力变化规律方程：

$$y = -3.975\ 26 \times 10^{-13} x^6 + 2.174\ 39 \times 10^{-10} x^5 - 4.995\ 9 \times 10^{-8} x^4 + \tag{4-6a}$$
$$6.732\ 08 \times 10^{-6} x^3 - 5.373\ 61 \times 10^{-4} x^2 + 0.020\ 88x - 0.013\ 92$$

$$y = -6.418\ 74 \times 10^{-13} x^6 + 3.508\ 67 \times 10^{-10} x^5 - 7.781\ 8 \times 10^{-8} x^4 + \tag{4-6b}$$
$$9.634\ 23 \times 10^{-6} x^3 - 7.072\ 61 \times 10^{-4} x^2 + 0.028\ 92x - 0.050\ 56$$

（2）复合关键层覆岩应力变化规律

复合关键层不同覆岩层位的垂直应力的分布规律，如图 4-24 所示，其中，测线Ⅰ、Ⅱ、Ⅲ为覆岩横向层位。

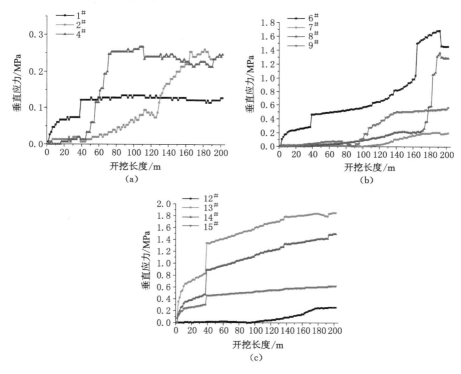

图 4-24　复合关键层覆岩应力监测曲线
（a）测线Ⅰ；（b）测线Ⅱ；（c）测线Ⅲ

由图 4-24 可知，随巷旁工作面开挖，覆岩应力受采动影响，均表现为逐渐增大的趋势。测线Ⅰ上测点由于亚关键层破断，应力明显地表现为台阶式陡增；测线Ⅱ中测点由于主关键层的承载作用，应力传递并未有突变，保持曲线增长趋势，直至主关键层断裂，应力出现急剧增加；测线Ⅲ邻近地表，由于复合关键层的耦合破断作用，应力变化趋势并不明显，呈线性增长趋势。

纵向层位的应力变化测线Ⅳ、Ⅴ所对应的应力变化规律,如图 4-25 所示。运用数学分析方法对曲线进行规律性拟合。

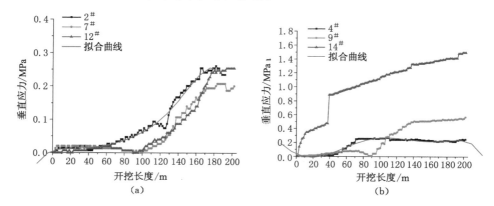

图 4-25　复合关键层覆岩应力变化规律曲线
(a) 测线Ⅳ;(b) 测线Ⅴ

由图 4-25 得到复合关键层覆岩应力变化规律方程:

$$y = -1.523\,8 \times 10^{-13} x^6 + 7.016\,42 \times 10^{-11} x^5 - 1.235\,36 \times 10^{-8} x^4 +$$
$$1.111\,58 \times 10^{-6} x^3 - 4.671\,69 \times 10^{-5} x^2 + 9.747\,61 \times 10^{-4} x + 0.005\,18 \tag{4-7a}$$

$$y = -2.847\,76 \times 10^{-13} x^6 + 1.459\,71 \times 10^{-10} x^5 - 2.236\,16 \times 10^{-8} x^4 +$$
$$3.019\,32 \times 10^{-7} x^3 + 1.546\,16 \times 10^{-4} x^2 - 0.005\,55 x + 0.035\,73 \tag{4-7b}$$

4.3　综放开采巷道围岩结构稳定性研究

4.3.1　试验设计

影响巷道围岩稳定性的因素众多,本节主要研究煤柱宽度和煤层厚度两个主要影响指标。此次试验共铺设模型 5 个,并对模型进行横向和纵向正交分析比较。模型的横向参量为煤层厚度,分别为 8 m、12 m、16 m、20 m、24 m;模型的纵向参量为煤柱宽度,分别为 5 m、10 m、15 m、20 m、25 m、30 m、35 m、40 m;横向和纵向因素组成了双因素正交分析模型,模型交叉分析 40 种不同情况。

(1) 相似模型参数

本次试验模拟自顶板至煤层底板共铺模型 16 层,5 个模型的名称分别按照铺设煤层的厚度命名,模型的总铺设厚度根据不同的煤层厚度梯度逐级增加,例如:当煤层厚度为 16 m 时,模型命名为"煤厚 16 m 模型",模型铺设总厚度为98.7 m。具体铺设模型的尺寸见表 4-6。

表 4-6　　　　　　　　　　　铺设模型尺寸表

模型编号	模型名称	实际煤层厚度/m	模型煤层厚度/cm	模型总厚度/cm
1	煤厚 8 m 模型	8	8	90.7
2	煤厚 12 m 模型	12	12	94.7
3	煤厚 16 m 模型	16	16	98.7
4	煤厚 20 m 模型	20	20	102.7
5	煤厚 24 m 模型	24	24	106.7

取模型几何相似比 $\alpha_l = y_m/y_p = z_m/z_p = 1/100$，容重相似系数 $\alpha_\gamma = \gamma_{mi}/\gamma_{pi} = 0.6$，弹性模量相似系数 $\alpha_E = 1/167$，模型参数见表 4-7。

表 4-7　　　　　　　　　巷道围岩结构模型参数表

模型比例尺	1/100
模型煤层厚度	8 cm、12 cm、16 cm、20 cm、24 cm
铺设总厚度	90.7 cm、94.7 cm、98.7 cm、102.7 cm、106.7 cm
铺设模型宽	1.40 m
模型架高	1.30 m
时间系数	$1/\sqrt{100}$
容重系数	0.6
力学相似系数	1/167

（2）模型分层方案

巷道围岩模型分层方案如图 4-26 所示。

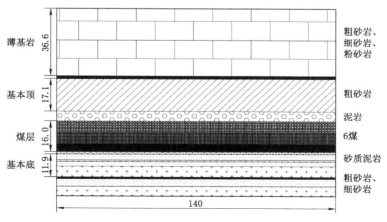

图 4-26　巷道围岩模型铺层方案图

具体铺设模型分层方案见表 4-8。

表 4-8   巷道围岩模型分层方案表

岩层序号	岩性名称		厚度(1:100)		累计厚度(1:100)		分层数	分层高度/cm
			原型/m	模型/cm	原型/m	模型/cm		
1	砂质泥岩、细砂岩、粉砂岩		22.0	22.0	22.0	22.0	6	3.0×2.0,4.0×4.0
2	K3 粗砂岩		8.3	8.3	30.3	30.3	3	2.3,3.0×2.0
3	细砂岩		6.3	6.3	36.6	36.6	2	3.3,3.3
4	6上 煤		1.3	1.3	38.9	38.9	1	1.3
5	粉砂岩		2.1	2.1	40.0	40.0	1	2.1
6	粗砂岩		15.0	15.0	55.0	55.0	4	3.0,4.0×3.0
7	泥岩		5.0	5.0	60.0	60.0	2	2.5×2.0
8	6 煤	上部	6.0	3.0	66.0	66.0	1	6.0
		中部	6.0	3.0	72.0	72.0	1	6.0
		下部	4.0	2.0	76.0	76.0	1	4.0
9	泥岩、砂质泥岩		1.1	1.1	77.1	77.1	1	1.1
10	细砂岩		3.0	3.0	80.1	80.1	1	3.0
11	碳质泥岩		0.8	0.8	80.9	80.9	1	0.8
12	细砂岩		2.5	2.5	83.4	83.4	1	2.5
13	粗砂岩		5.6	5.6	89.0	89.0	1	5.6
14	6下 煤		0.9	0.9	89.9	89.9	1	0.9
15	细砂岩		3.8	3.8	93.7	93.7	1	3.8
16	K2 粗砂岩		5.0	5.0	98.7	98.7	1	5.0
合计			98.7	98.7			30	98.7

（3）测站布置

通过在模型中布置压力和位移测站（如图 4-27 所示），监测在工作面开采推进过程中，采场顶板的应力和位移的变化情况，并在模型的不同水平位置布置位移测线，观测顶板及薄基岩的整体运移情况。

（4）模型加载与试验过程

试验主要研究上区段工作面推进形成采空区后，下区段工作面区段煤柱及辅助运输巷围岩的稳定性。由于巷道轴向长度相对于巷道横向尺寸可近似看作无限长，可以垂直于巷道轴向长度取断面，建立平面应变模型进行研究，将模型

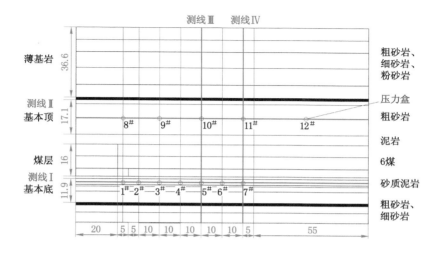

图 4-27　巷道围岩结构模型测点布置图

上边界的上覆岩层作为等效载荷对模型加载。

试验过程(以煤层厚度 16 m 为例):

① 巷道开挖:首先在距离模型左边界 200 mm 的位置,沿煤层底部,开挖高度为 40 mm、长度为 50 mm 的辅助运输巷,以辅助运输巷右侧作为预留煤柱。

② 右侧工作面开采:对模型采取自右向左开挖的方法,从煤层的右边界进行开挖放煤处理,开挖高度为 40 mm,放煤高度为 120 mm,距离为 750 mm,放煤距离为 450 mm,形成采空区;此时,在辅助运输巷右边形成 600 mm 的区段煤柱。

③ 煤柱宽度分析:从 400 mm 区段煤柱开始进行分步开挖,每次开挖 50 mm,对应原型步距为 5 m,研究不同尺寸区段煤柱的稳定性。如此开挖,直至煤柱仅剩 100 mm,之后每次开挖 10 mm,记录数据。

由于放顶煤开采,顶板变形相对较大,模型稳定时间相对较长,在开挖进入煤柱边界线后,每步测量需在模型稳定时间达到 0.5～1 h。通过模型试验实现:

① 通过分步开挖,分析巷道围岩结构变形特征;

② 应用数字摄影测量方法,分析巷道围岩位移变化规律;

③ 通过煤柱应力监测,得到不同煤柱宽度条件下,区段煤柱的应力分布规律,以及应力增高区分布范围和峰值变化。

4.3.2　巷道围岩结构特征分析

随着采煤高度的增加,煤层顶板的控制也愈加困难,顶板结构变形规律及顶板控制成为特厚煤层大采高综放工作面开采研究的重点。煤层厚度是影响煤层顶板稳定性的一个重要因素,对于特厚煤层放顶煤开采,煤矿一般会采取一次性采全高的方式以提高煤炭开采效率,下面主要研究煤层厚度对煤层顶板结构稳定性的影响。因此,我们仍需要将其他因素考虑在内,进行交叉排列组合。相似材料试验共进行了 5 种煤层厚度和 8 种煤柱宽度的交叉组合试验,其中,煤层厚度分别为 8 m、12 m、16 m、20 m、24 m,煤柱宽度分别为 5 m、10 m、15 m、20 m、25 m、30 m、35 m、40 m。

(1) 煤层厚度为 8 m

煤层厚度为 8 m 条件下,煤柱宽度对巷道围岩稳定性的影响,如图 4-28 所示。

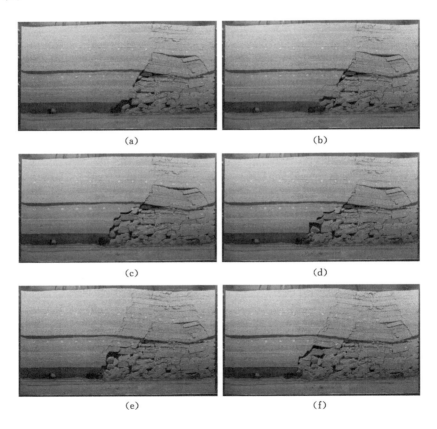

图 4-28　煤层厚度 8 m 时巷道围岩变形特征

(a) 煤柱 40 m;(b) 煤柱 35 m;(c) 煤柱 30 m;(d) 煤柱 25 m;(e) 煤柱 20 m;(f) 煤柱 15 m

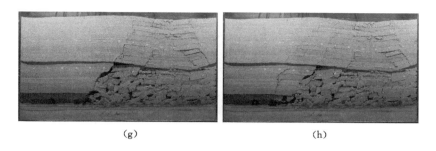

（g）　　　　　　　　　　　　　　　　　（h）

续图 4-28　煤层厚度 8 m 时巷道围岩变形特征
（g）煤柱 10 m；（h）煤柱 5 m

当煤层厚度为 8 m 时，对巷道围岩变形特征作如下分析，如图 4-29 所示。

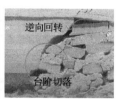

图 4-29　煤层厚度 8 m 时巷道围岩关键结构分析

① 当煤柱宽度为 40～25 m 时，关键岩梁破断前，巷道顶板及以上覆岩表现出拱形结构，如图 4-28（a）～（d）所示；随煤层继续开挖，拱顶关键岩梁破断，拱形结构破坏。

② 煤柱采空区侧巷旁顶板呈现悬臂梁结构，基本顶的失稳形态与悬臂梁断裂线的位置密切相关，如图 4-28（e）所示。

③ 顶板岩层在发生台阶切落失稳后，台阶之上的岩层失去支撑，易发生逆向回转，如图 4-28（f）～（h）所示。

（2）煤层厚度为 12 m

煤层厚度为 12 m 条件下，煤柱宽度对巷道围岩稳定性的影响，如图 4-30 所示。

由图 4-30 可知：

① 当煤层厚度为 12 m 时，巷道围岩变形并未出现 8 m 煤厚时所表现出来的拱形结构，而是直接垮落到上层顶板，说明煤层厚度增加，使顶板的活动空间增大，更易发生失稳变形。

② 顶板呈现"倒台阶组合悬臂梁"结构，并有直接顶往上发展，"台阶"跨距

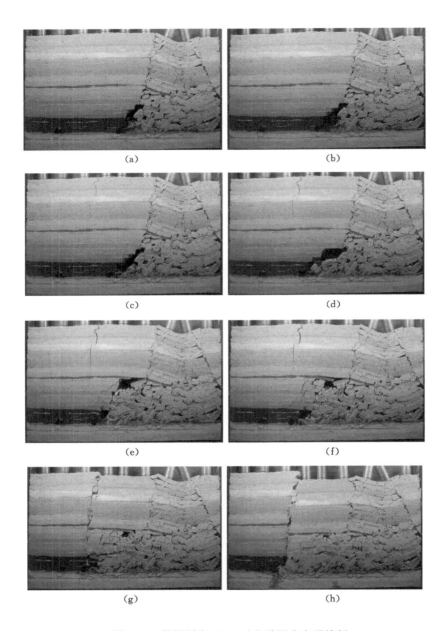

图 4-30 煤层厚度 12 m 时巷道围岩变形特征

(a) 煤柱 40 m；(b) 煤柱 35 m；(c) 煤柱 30 m；(d) 煤柱 25 m；(e) 煤柱 20 m；

(f) 煤柱 15 m；(g) 煤柱 10 m；(h) 煤柱 5 m

的宽度和高度逐渐增大。

③ 关键层破断,基本顶发生切落失稳,裂缝贯穿顶板及上覆岩层,并可能延伸至地表,地面空气随裂缝进入工作面,导致工作面 CO 含量超标。

具体分析如图 4-31 所示。

图 4-31　煤层厚度 12 m 时巷道围岩关键结构特征分析

（3）煤层厚度为 16 m

煤层厚度为 16 m 条件下,煤柱宽度对巷道围岩稳定性的影响,如图 4-32 所示。

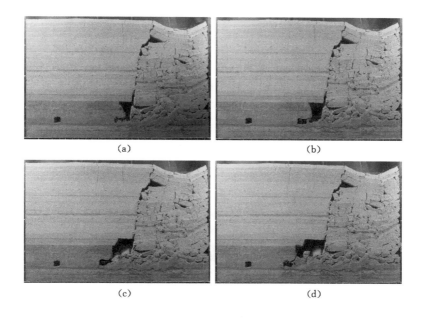

图 4-32　煤层厚度 16 m 时巷道围岩变形特征

（a）煤柱 40 m;（b）煤柱 35 m;（c）煤柱 30 m;（d）煤柱 25 m

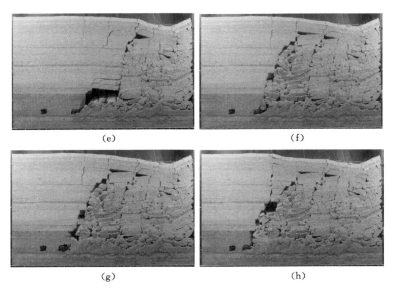

（e）　　　　　　　　　　　（f）

（g）　　　　　　　　　　　（h）

续图 4-32　煤层厚度 16 m 时巷道围岩变形特征

（e）煤柱 20 m；（f）煤柱 15 m；（g）煤柱 10 m；（h）煤柱 5 m

由图 4-32 可知：

① 煤层厚度为 16 m，基本顶发生台阶切落失稳，裂缝贯穿顶板及上覆岩层，与 12 m 煤层厚度不同的是，16 m 厚煤层顶板呈现周期性切落失稳。

② 顶板仍然呈现"倒台阶组合悬臂梁"结构，并有直接顶往上发展，"台阶"跨距的宽度和高度逐渐增大。

③ 顶板超前断裂位置明显，超前影响呈周期性分布。

具体分析如图 4-33 所示。

图 4-33　煤层厚度 16 m 时巷道围岩关键结构特征分析

（4）煤层厚度为 20 m

煤层厚度为 20 m 条件下，煤柱宽度对巷道围岩稳定性的影响，如图 4-34 所示。

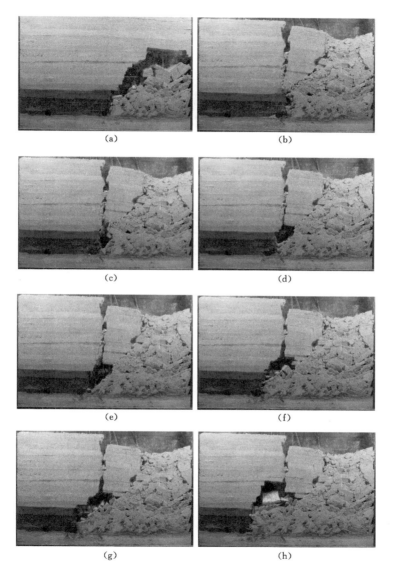

图 4-34　煤层厚度 20 m 时巷道围岩变形特征
（a）煤柱 40 m；（b）煤柱 35 m；（c）煤柱 30 m；（d）煤柱 25 m；
（e）煤柱 20 m；（f）煤柱 15 m；（g）煤柱 10 m；（h）煤柱 5 m

由图 4-34 可知,煤层厚度为 20 m,采煤高度为 4 m,放煤高度为 16 m,采放比为 1∶4,大于 1∶3,基本顶上部出现大面积空顶范围,一旦上覆岩层基本顶断裂,将造成大面积冲击来压,工作面液压支架将被压垮;关键层破断的同时,覆岩切落下沉,纵向大裂缝直接贯穿整个顶板覆岩,进一步加剧工作面压力,造成压架事故,如图 4-35 所示。

图 4-35　煤层厚度 20 m 时巷道围岩关键结构特征分析

(5)煤层厚度为 24 m

煤层厚度为 24 m 条件下,煤柱宽度对巷道围岩稳定性的影响,如图 4-36 所示。

由图 4-36 可知,煤层厚度为 24 m,采煤高度为 4 m,放煤高度为 20 m,采放比为 1∶5,远大于 1∶3,基本顶断裂,上覆岩层直接切落,并未出现拱形结构,纵向大裂缝直接贯穿地表,形成倾斜切落面;随煤层进一步开挖,顶板及上覆岩层受到张拉破坏,直接被拉断,倾倒在已垮落覆岩上,待到底部煤层开采完毕,上部覆岩继续发生大面积切落失稳,如图 4-37 所示。

综上分析,煤层厚度对巷道围岩结构的影响主要体现在两方面:

一是对巷道顶板及上覆岩体垮落形式影响,煤层厚度直接决定了顶板及上部关键层的失稳形式,预成拱及切落均与煤层厚度有直接的关系,同时,也印证了采放比 1∶3 的使用范围,当煤层厚度较高时,采放比 1∶3 已不能满足特厚煤层的要求。

二是对煤柱采空区侧端头顶板结构的影响,采空区侧端头顶板的"倒台阶组合悬臂梁"结构为顶板及覆岩的破断提供前提条件。

图 4-36　煤层厚度 24 m 时巷道围岩变形特征

(a) 煤柱 40 m；(b) 煤柱 35 m；(c) 煤柱 30 m；(d) 煤柱 25 m；

(e) 煤柱 20 m；(f) 煤柱 15 m；(g) 煤柱 10 m；(h) 煤柱 5 m

图 4-37 煤层厚度 24 m 时巷道围岩关键结构特征分析

4.3.3 巷道围岩位移矢量分析

前面已提到,煤层厚度并不是单独存在的,它与煤柱宽度相互影响,共同作用于顶板及上覆岩层。同时,前面主要研究了煤层厚度对顶板及上覆岩层结构特征的影响,本节重点研究不同煤柱宽度和煤层厚度下巷道围岩位移矢量变化规律。试验中煤柱宽度为 8 种,下面选取 4 种煤柱宽度进行规律性分析,分别为 10 m、20 m、30 m、40 m,配合 5 种煤层厚度,绘制模型的位移矢量云图,如图 4-38～图 4-41 所示,位移矢量云图的范围为顶板及上覆岩体结构。图中,箭头表示位移量的大小,横纵坐标为像素点数据,其与现场的对应比例关系为 100 对应 6.35 m,即每 100 个像素点对应现场 6.35 m。

（1）煤柱宽度为 40 m

煤柱宽度为 40 m 条件下,煤层厚度对煤层顶板稳定性的影响,如图 4-38 所示。

（2）煤柱宽度为 30 m

煤柱宽度为 30 m 条件下,煤层厚度对煤层顶板稳定性的影响,如图 4-39 所示。

（3）煤柱宽度为 20 m

煤柱宽度为 20 m 条件下,煤层厚度对煤层顶板稳定性的影响,如图 4-40 所示。

（4）煤柱宽度为 10 m

煤柱宽度为 10 m 条件下,煤层厚度对煤层顶板稳定性的影响,如图 4-41 所示。

图 4-38　煤柱宽度为 40 m 时位移矢量云图

(a) 煤层厚度 8 m 时位移矢量图；(b) 煤层厚度 12 m 时位移矢量图；
(c) 煤层厚度 16 m 时位移矢量图；(d) 煤层厚度 20 m 时位移矢量图

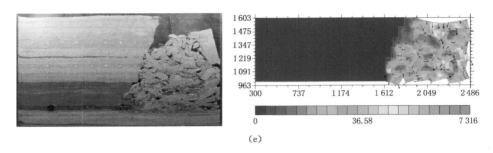

(e)

续图 4-38 煤柱宽度为 40 m 时位移矢量云图

（e）煤层厚度 24 m 位移矢量图

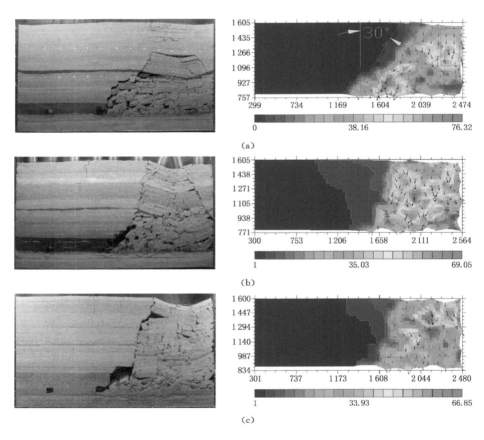

（a）

（b）

（c）

图 4-39 煤柱宽度为 30 m 时位移矢量云图

（a）煤层厚度 8 m 时位移矢量图；（b）煤层厚度 12 m 时位移矢量图；

（c）煤层厚度 16 m 时位移矢量图

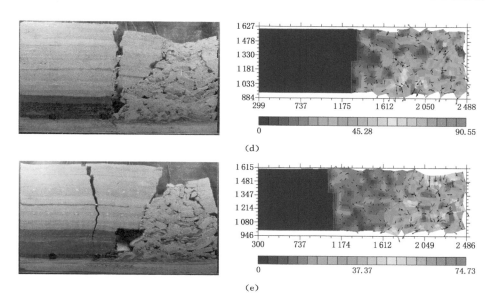

续图 4-39 煤柱宽度为 30 m 时位移矢量云图

(d) 煤层厚度 20 m 时位移矢量图;(e) 煤层厚度 24 m 时位移矢量图

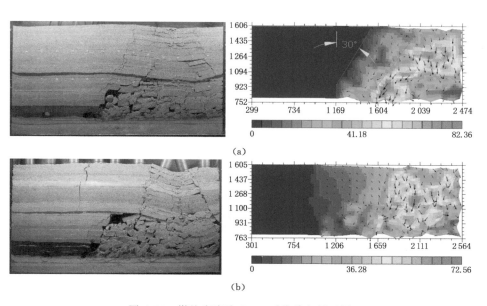

图 4-40 煤柱宽度为 20 m 时位移矢量云图

(a) 煤层厚度 8 m 时位移矢量图;(b) 煤层厚度 12 m 时位移矢量图

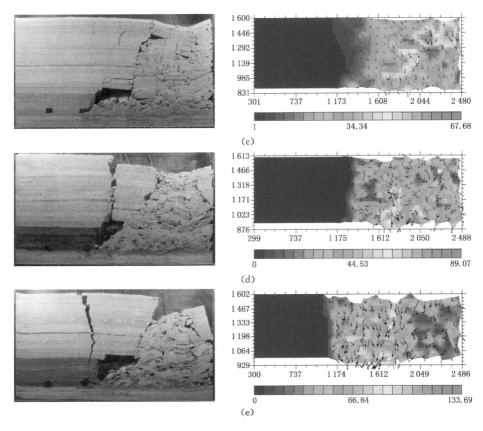

续图 4-40　煤柱宽度为 20 m 时位移矢量云图

（c）煤层厚度 16 m 时位移矢量图；（d）煤层厚度 20 m 时位移矢量图；

（e）煤层厚度 24 m 时位移矢量图

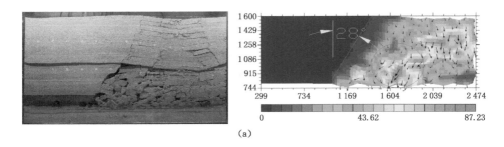

图 4-41　煤柱宽度为 10 m 时位移矢量云图

（a）煤层厚度 8 m 时位移矢量图

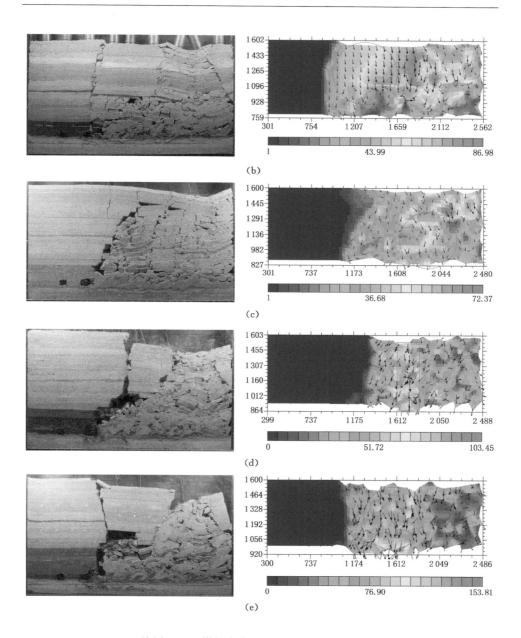

续图 4-41　煤柱宽度为 10 m 时位移矢量云图

（b）煤层厚度 12 m 时位移矢量图；（c）煤层厚度 16 m 时位移矢量图；

（d）煤层厚度 20 m 时位移矢量图；（e）煤层厚度 24 m 时位移矢量图

由图 4-38～图 4-41 可知：

（1）当煤层厚度为 8 m 时，上覆岩体为弯曲下沉，其破断线为倾斜直线，倾斜角度为 30°；当煤层厚度为 12～24 m 时，巷道上覆岩体为台阶切落下沉，其破断线为垂向直线，这说明覆岩结构稳定性与煤层厚度有直接的关系。

（2）随煤层厚度增加，覆岩位移矢量箭头也逐渐增大，说明覆岩位移变形量与煤层厚度有关，煤层厚度越大，覆岩变形越剧烈，位移变形量越大。

（3）顶板除了受煤层厚度的影响外，还受到煤柱宽度的影响，主要体现在对顶板破断结构的影响，煤柱宽度也是决定顶板断裂位置的主要因素之一。

（4）煤柱宽度还影响顶板超前影响范围，当煤柱宽度为 20 m 与 30 m，巷道顶板覆岩出现超前断裂影响，当煤柱宽度为 10 m 时，巷道覆岩顶板直接台阶切落下沉，超前影响不明显。

4.3.4 巷道围岩应力规律分析

通过监测预埋在巷道围岩顶底板中的金属压力盒数据，分析在不同煤层厚度和不同煤柱宽度下，巷道围岩顶底板应力变化规律。开挖长度与剩余煤柱宽度之间的关系见表 4-9。

表 4-9　　　　　　　　　　开挖长度与煤柱宽度关系表

煤柱宽度/m	对应关系							
煤柱宽度/m	40	35	30	25	20	15	10	5
开挖长度/m	75	80	85	90	95	100	105	110

（1）煤层厚度为 8 m

煤层厚度为 8 m 时，不同煤柱宽度下巷道围岩顶底板应力变化规律，如图 4-42 所示。测线 Ⅰ、Ⅱ 为巷道围岩横向层位应力变化测线，测线 Ⅳ 是煤柱宽度为 55 m 时，巷道围岩纵向层位的应力变化测线，运用数学分析方法对曲线进行规律性拟合。

由图 4-42 可知，巷道顶板及顶板以上岩层随煤柱宽度的减小，垂向应力逐渐增大；当煤层开采至相应顶板位置后，受采动影响，煤柱采空区侧顶板应力出现陡增或阶跃性增大，之后保持稳定。拟合曲线得到煤层厚度为 8 m 时，巷道围岩应力随煤柱宽度的变化规律方程为：

$$y = -4.799\ 23 \times 10^{-12} x^6 + 1.606\ 8 \times 10^{-9} x^5 - 1.909\ 72 \times 10^{-7} x^4 +$$
$$8.863\ 83 \times 10^{-6} x^3 - 8.594\ 29 \times 10^{-5} x^2 - 9.425\ 94 \times 10^{-5} x + 0.001\ 66$$

$$(4-8)$$

（2）煤层厚度为 12 m

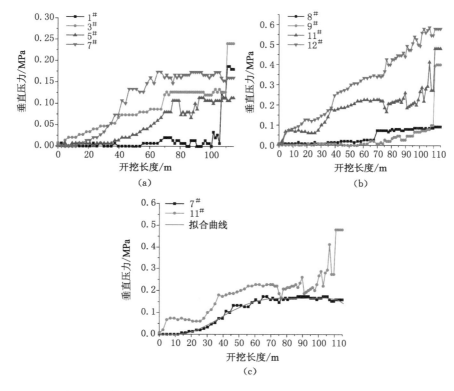

图 4-42　煤层厚度 8 m 时,巷道围岩应力随煤柱宽度变化规律曲线
(a) 测线 Ⅰ;(b) 测线 Ⅱ;(c) 测线 Ⅳ

煤层厚度为 12 m 时,不同煤柱宽度下巷道围岩顶底板应力变化规律,如图 4-43所示。测线 Ⅰ、Ⅱ为巷道围岩横向层位应力变化测线,测线 Ⅳ 是煤柱宽度为 55 m 时,巷道围岩纵向层位的应力变化测线,运用数学分析方法对曲线进行规律性拟合。

由图 4-43 可知,当开挖距离为 90~95 m,即煤柱宽度为 25~20 m 时,超前断裂线从模型顶部向煤层顶板扩展,垂直应力释放,随煤层继续开挖,顶板上部覆岩沿断裂线位置纵向切落,采空区及实体煤侧煤体受切落块体的挤压作用,顶板应力缓慢上升,覆岩应力则保持平稳。拟合曲线得到煤层厚度为 12 m 时,巷道围岩应力随煤柱宽度的变化规律方程为:

$$y = -2.060\ 29 \times 10^{-11} x^6 + 8.625\ 08 \times 10^{-9} x^5 - 1.403\ 31 \times 10^{-6} x^4 + \tag{4-9}$$
$$1.107\ 92 \times 10^{-4} x^3 - 0.004\ 33 x^2 + 0.084\ 08 x - 0.178\ 5$$

(3)煤层厚度为 16 m

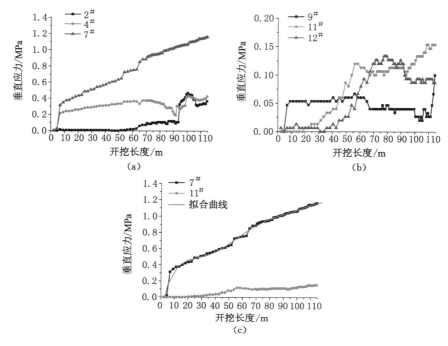

图 4-43　煤层厚度 12 m 时巷道围岩应力随煤柱宽度变化规律曲线

(a) 测线 I；(b) 测线 II；(c) 测线 IV

　　煤层厚度为 16 m 时，不同煤柱宽度下巷道围岩顶底板应力变化规律，如图 4-44 所示。测线 I、II 为覆岩横向层位应力变化测线，测线 III 是煤柱宽度为 35 m 时，覆岩纵向层位的应力变化测线，运用数学分析方法对曲线进行规律性拟合。

　　由图 4-44 可知，测线 I 煤层顶板垂直应力呈现平稳增加趋势，当煤柱宽度为 30～25 m 时，受煤层开采影响，垂直应力由 0.1 MPa 增加至 0.3 MPa，之后保持稳定趋势。拟合曲线得到煤层厚度为 16 m 时，巷道围岩应力随煤柱宽度的变化规律方程：

$$y = 1.576\ 39 \times 10^{-11} x^6 - 5.989\ 19 \times 10^{-9} x^5 + 8.607\ 06 \times 10^{-7} x^4 -$$
$$5.823\ 78 \times 10^{-5} x^3 + 0.001\ 9 x^2 - 0.026\ 03 x + 0.115\ 69 \quad (4\text{-}10)$$

　　(4) 煤层厚度为 20 m

　　煤层厚度为 20 m 时，不同煤柱宽度下巷道围岩顶底板应力变化规律，如图 4-45 所示。测线 I、II 为覆岩横向层位应力变化测线，测线 IV 是煤柱宽度为 55 m 时，覆岩纵向层位的应力变化测线，运用数学分析方法对曲线进行规律性拟合。

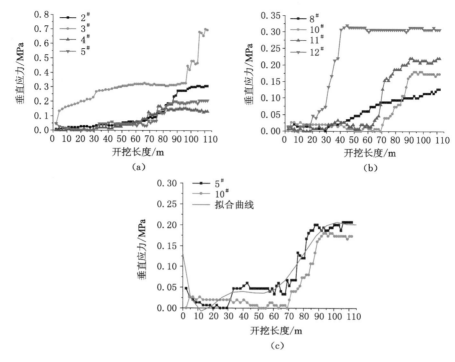

图 4-44 煤层厚度 16 m 时，煤柱压力变化曲线

(a) 测线Ⅰ；(b) 测线Ⅱ；(c) 测线Ⅲ

由图 4-45 可知，测线Ⅰ和测线Ⅱ均表现出明显的台阶切落应力变形特征。拟合曲线得到煤层厚度为 20 m 时，巷道围岩应力随煤柱宽度的变化规律方程：

$$y = -1.089\,14 \times 10^{-10} x^6 + 3.525\,07 \times 10^{-8} x^5 - 4.183\,95 \times 10^{-6} x^4 + \\ 2.236\,28 \times 10^{-4} x^3 - 0.005\,73 x^2 + 0.092\,44 x - 0.222\,72 \tag{4-11}$$

（5）煤层厚度为 24 m

煤层厚度为 24 m 时，不同煤柱宽度下，巷道围岩顶底板应力变化规律，如图 4-46 所示。测线Ⅰ、Ⅱ为覆岩横向层位应力变化测线，测线Ⅳ是煤柱宽度为 55 m 时，覆岩纵向层位的应力变化测线，运用数学分析方法对曲线进行规律性拟合。

由图 4-46 可知，煤层厚度 24 m 时表现出比煤层厚度 20 m 时更加明显的阶跃式应力变化，巷道顶板上覆岩层的应力表现较顶板的应力有明显的滞后性；当煤柱为 40 m 时，测线Ⅱ各测点依次发生应力陡增变化，变化幅度达 0.08 MPa。拟合曲线得到煤层厚度为 24 m 时，巷道围岩应力随煤柱宽度的变化规律曲线：

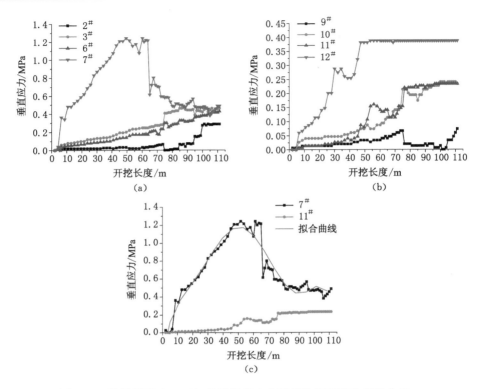

图 4-45 煤层厚度 20 m 时，巷道围岩应力随煤柱宽度变化规律曲线
(a) 测线Ⅰ；(b) 测线Ⅱ；(c) 测线Ⅳ

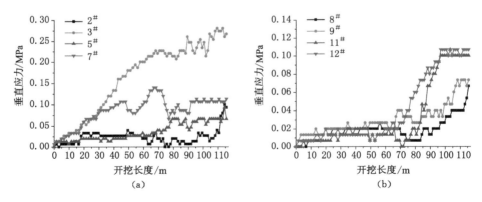

图 4-46 煤层厚度 24 m 时，巷道围岩应力随煤柱宽度变化规律曲线
(a) 测线Ⅰ；(b) 测线Ⅱ

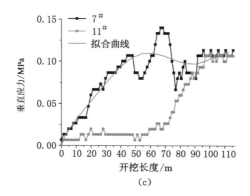

续图 4-46　煤层厚度 24 m 时,巷道围岩应力随煤柱宽度变化规律曲线

(c) 测线 Ⅳ

$$y = -2.989\ 52 \times 10^{-12} x^6 + 9.717\ 75 \times 10^{-10} x^5 - 1.128\ 52 \times 10^{-7} x^4 +$$
$$5.637\ 64 \times 10^{-6} x^3 - 1.349\ 85 \times 10^{-4} x^2 + 0.003\ 69 x + 0.003\ 41 \tag{4-12}$$

4.4　小结

(1) 构建了特厚煤层综放开采相似材料试验模型,并基于正交组合试验分析方法设计试验方案,全程采用数字摄影测量技术和数字高速应变采集系统,分析了位移及应力的分布规律,研究了覆岩破断结构及巷道围岩结构的稳定性。

(2) 对比分析单一关键层和复合关键层模型,发现单一关键层和复合关键层覆岩在岩体离层、裂隙发育及延展性、地表沉陷及时间效应等方面都表现出明显的差异;顶板及上覆岩体的变形量随厚度增加逐步增大;通过对关键结构块体的分析,得到了冒落角、位移和应力随推进距离变化的回归方程。

(3) 对比分析巷道围岩结构模型,发现采空区侧端头顶板易形成"倒台阶组合悬臂梁"结构;顶板及上覆岩体破坏形式受煤层厚度影响显著,同时印证了采放比 1:3 的适用范围,当煤层厚度较高时,采放比 1:3 已不能满足特厚煤层的要求;得到了顶板断裂线的位置主要受到煤柱宽度的影响;不同煤层厚度条件下,巷道围岩应力随煤柱宽度变化的回归方程。

5 巷道围岩变形机理分析

巷道围岩变形受到地质条件、岩石物理力学特性、埋深、煤层厚度等多种因素影响,而区段煤柱是影响巷道围岩变形的重要因素之一。尤其是厚松散层特厚煤层放顶煤开采,随着煤层开采厚度的加大,当煤柱尺寸不合理时,矿压显现较普通综放开采更为剧烈,留设的煤柱片帮非常严重,巷道难以维护,对工作面正常回采造成影响。如果仅仅加大煤柱尺寸,虽然能很好地维护巷道,保证工作面安全开采,但是留设的区段煤柱过大就浪费了宝贵的资源,也增加了煤层自然发火的危险性,浪费的资源价值甚至超过巷道维护的费用,得不偿失。因此,研究特厚煤层大采高综放开采巷道围岩变形机理,确定区段煤柱的合理宽度,已成为保证煤矿安全高效生产的重要研究课题。

数值计算方法可以有效弥补理论计算中参数无法量化和相似试验中的端头停放煤段长度无法细致化描述的问题。本章主要采用数值计算方法,研究煤层厚度、煤柱宽度、端头不放煤段长度三者耦合后对巷道围岩变形的影响规律。

5.1 上覆岩体破断机理分析

巷道围岩"外结构"和"内结构"是研究巷道围岩变形的两个重要结构,在研究巷道及煤柱变形的同时,不能忽略巷道顶板及上部岩层载荷传递作用,因此,研究"内结构"的同时需研究"外结构"的岩体破断及力学传递规律。巷道围岩上覆岩体的破断机理与岩层岩性、埋深、煤层厚度、开采方式等因素有关,如何将诸多的因素在模型中体现并耦合,一直以来是数值计算中的难点。本节根据钱鸣高院士的"关键层"理论、实验室及现场的实测数据,建立覆岩结构变形模型,研究关键层和煤层厚度对上覆岩体稳定性的影响。

5.1.1 多层位覆岩变形模型

(1) 模型设计

煤矿巷道顶板覆岩为层状结构,在经历构造运动后发育着一些裂隙,由层面及裂隙切割成块体结构,在矿山压力的作用下,巷道顶板浅部的层面与裂隙效应比较明显,具有不连续特征。离散元法是一种处理节理岩体的数值计算方法,允许块体产生有限位移和旋转,块体间能够完全分离,可以模拟工程岩体的非连续变形和大变形,因此采用 UDEC 数值模拟计算软件,分析覆岩及巷道围岩的变形破坏特征[241]。

模型的建立需要科学的研究和试验方法,对于关键层和煤层厚度两个变量,可以运用正交分析方法,将关键层层位(单层、复合)和开采煤层厚度(8 m、12 m、16 m、20 m、24 m)进行两两正交组合,共设计 10 个耦合数值计算模型,见表 5-1。

表 5-1 上覆岩体破断机理数值计算模型设计

模型设计	开采煤层厚度
单一关键层(单层关键层)	8 m、12 m、16 m、20 m、24 m
复合关键层(两层关键层)	8 m、12 m、16 m、20 m、24 m

(2)模型物理尺寸与边界条件

① 模型物理尺寸。建立的综放开采数值计算模型长度为 880 m,垂直高度为 246 m,模拟采深为 224 m,上区段开采工作面长度为 240 m,开采煤层厚度根据设计模型改变,如图 5-1 所示。

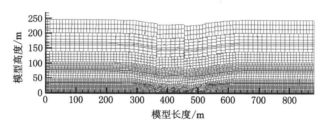

图 5-1 上覆岩层破断机理 UDEC 数值计算模型

② 模型边界条件。施加水平方向约束在模型的左右边界,水平应力计算通常采用侧向压力系数乘以垂直应力,模型的底部边界施加固定约束,由于模拟到地表,上部边界为自由边界。模型建立好之后,布置应力、位移测线,记录上区段工作面开采完毕后巷道围岩及煤柱的位移-应力变化规律。

(3)模型本构关系与属性参数

本模型模拟部位为端头支架附近的区段煤柱及上覆岩体,是沿工作面倾向方向,属于地下开挖问题,而且考虑到浅埋煤层条件下的基岩和地表松散层是塑性较强的弹塑性地质材料,在材料达到屈服极限后,可产生较大的塑性变形,因此,模型块体采用摩尔-库仑理论进行计算。

由块体和节理的本构关系确定数值计算所需要的属性参数,根据实验室物理力学试验和现场实测数据,确定巷道围岩及覆岩的物理力学参数及煤岩层接触面力学参数,见表 5-2。

表 5-2　　　　　　　　　　　　　岩层物理力学参数

层号	岩层名称	弹性模量/GPa	单轴抗压强度/MPa	体积力/(kN/m³)	内摩擦角/(°)	泊松比	黏聚力/MPa
23	黄土	1.5	0.5	18	5	0.30	0.1
22	红土	1.5	0.5	18	5	0.30	0.1
21	细砂岩、砂质泥岩互层	20.6	24.5	25	22	0.25	5.4
20	玄武岩	20.4	22.8	25	31	0.25	3.4
19	砂砾岩	31.2	32.8	25	29	0.10	3.4
18	粗砂岩	22.5	25.9	25	27	0.23	18.2
17	砂质泥岩、泥岩互层	21.5	23.4	25	22	0.25	2.9
16	砂质砾岩	25.5	35.8	25	28	0.22	8.0
15	中砂岩	18.2	22.6	25	28	0.18	6.2
14	泥岩、砂岩互层	21.5	33.4	27	22	0.20	1.3
13	砂质砾岩	25.5	35.8	26	28	0.30	8.0
12	粗砂岩	22.5	25.9	29	27	0.24	25.0
11	泥岩	18.7	19.2	25	22	0.20	0.3
10	砂质泥岩	17.2	30.3	25	28	0.30	15.2
9	泥岩	18.7	19.2	25	22	0.20	0.3
8	6上煤	3.3	9.2	25	12	0.22	1.1
7	砂质泥岩	17.2	30.3	25	28	0.18	15.2
6	6上煤	3.3	9.2	25	12	0.20	1.1
5	砂质泥岩	17.2	30.3	25	28	0.18	15.2
4	炭质泥岩	17.5	19.0	25	23	0.24	0.8
3	6煤	1.0	6.8	23	12	0.30	1.1
2	泥岩	19.5	22.3	25	22	0.30	0.3
1	砂质泥岩	17.2	30.3	25	28	0.18	15.2

（4）模拟步骤

① 单一关键层模型（5 个）模拟步骤：

a. 建立单一关键层煤层厚度为 8 m 的计算模型,模型原岩应力平衡计算;

b. 按照设计的开采方案,开采模型中的上区段工作面;

c. 模型分步开挖,计算应力平衡,直至采空区稳定;

d. 数据的提取与后处理,记录模型位移、应力变化;

e. 更改煤层厚度分别为 12 m、16 m、20 m、24 m,并分别按照步骤 a～d 进行重新计算并提取数据。

② 复合关键层模型（5 个）模拟步骤：更改模型关键层层位及岩性,由单一关键层结构更改为复合关键层结构,其余模拟步骤相同。

③ 通过对比单一关键层和复合关键层的覆岩位移、应力等参数,得到覆岩位移、应力变形规律及载荷传递规律。

5.1.2 上覆岩层位移分析

上区段工作面开采完毕且采空区稳定后,上覆岩层受采动影响,发生竖向位移变化及地表沉陷。

（1）单一关键层覆岩位移云图

从图 5-2 看出,煤层厚度对覆岩位移及地表沉陷的特征主要表现在两方面:一是开采煤层厚度越大,地表沉陷越严重;二是覆岩整体表现为台阶式切落下沉,并延伸至地表;随煤层厚度变化,切落块度随之变化,其地表下沉曲线如图 5-3 所示。

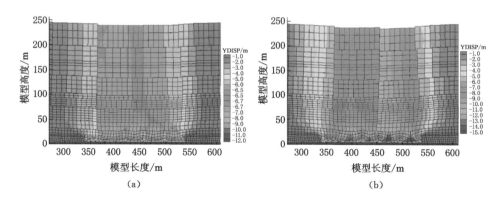

图 5-2 单一关键层覆岩位移云图

(a) 煤层厚度为 8 m;(b) 煤层厚度为 12 m

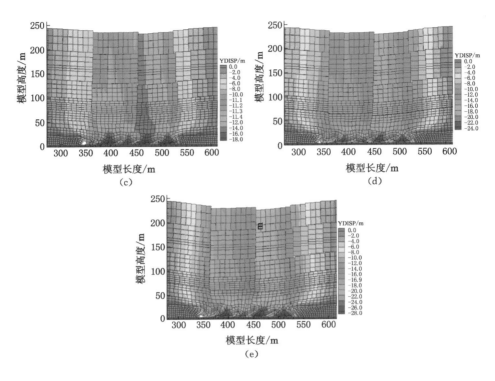

续图 5-2　单一关键层覆岩位移云图

（c）煤层厚度为 16 m；（d）煤层厚度为 20 m；（e）煤层厚度为 24 m

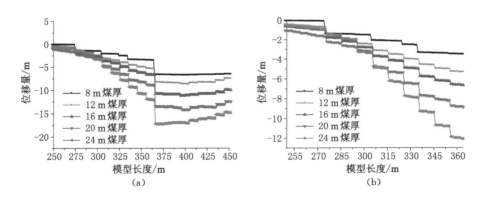

图 5-3　单一关键层模型地表下沉曲线

（a）下沉曲线；（b）下沉放大曲线

由此可得到单一关键层覆岩地表下沉相关参数表,如表5-3所列。

表5-3　　　　　　　　　　单一关键层地下沉参数表

煤层厚度/m	8	12	16	20	24
地表最大下沉量/m	6.72	10.57	14.01	17.11	21.07
下沉系数	0.840 3	0.880 8	0.875 6	0.855 5	0.877 9
台阶个数	5	10	10	10	10
切落块度区间/m	[10,30]	[9,25]	[9,25]	[9,25]	[9,25]

（2）复合关键层覆岩位移云图

从图5-4看出,煤层厚度对覆岩位移及地表沉陷的特征主要表现在两方面:一是煤层厚度越大,地表沉陷越严重;二是覆岩及地表整体表现为弯曲下沉,下沉曲线呈弧线,其地表下沉曲线如图5-5所示。

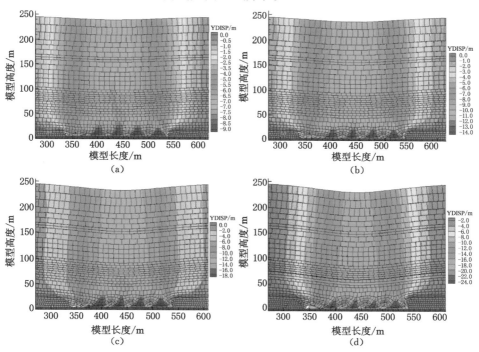

图5-4　复合关键层上覆岩层位移云图

（a）煤层厚度为8 m;（b）煤层厚度为12 m;

（c）煤层厚度为16 m;（d）煤层厚度为20 m

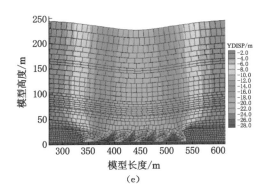

续图 5-4　复合关键层上覆岩层位移云图

（e）煤层厚度为 24 m

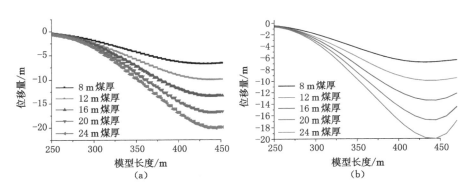

图 5-5　复合关键层模型地表下沉曲线

（a）复合关键层下沉曲线；（b）拟合曲线

由图 5-5 拟合得到复合关键层地表下沉曲线方程：

① 煤层厚度为 8 m，确定性系数 $R^2 = 99.957\%$

$$y = -3.506\ 6 \times 10^{-13} x^6 + 7.089\ 58 \times 10^{-10} x^5 - 5.912\ 53 \times 10^{-7} x^4 + 2.620\ 81 \times 10^{-4} x^3 - 0.065\ 58 x^2 + 8.800\ 71 x - 493.723\ 59 \tag{5-1}$$

② 煤层厚度为 12 m，确定性系数 $R^2 = 99.962\%$

$$y = -5.089\ 67 \times 10^{-13} x^6 + 1.055\ 56 \times 10^{-9} x^5 - 9.025\ 4 \times 10^{-7} x^4 + 4.096\ 06 \times 10^{-4} x^3 - 0.104\ 7 x^2 + 14.312\ 9 x - 815.905\ 59 \tag{5-2}$$

③ 煤层厚度为 16 m，确定性系数 $R^2 = 99.962\%$

$$y = -3.005\ 4 \times 10^{-13} x^6 + 6.332\ 58 \times 10^{-9} x^5 - 5.976\ 57 \times 10^{-7} x^4 + 2.474\ 74 \times 10^{-4} x^3 - 0.063\ 75 x^2 + 8.868\ 35 x - 519.275\ 91 \tag{5-3}$$

④ 煤层厚度为 20 m，确定性系数 $R^2 = 99.959\%$

$$y=8.90764\times10^{-14}x^6-1.3143\times10^{-10}x^5+7.6953\times10^{-8}x^4-$$
$$2.303\,77\times10^{-5}x^3+0.001\,86x^2+0.451\,54x-73.719\,82 \tag{5-4}$$

⑤ 煤层厚度为 24 m,确定性系数 $R^2=99.96\%$

$$y=7.330\,42\times10^{-13}x^6-1.435\,82\times10^{-9}x^5+1.174\,33\times10^{-6}x^4-$$
$$5.099\,75\times10^{-4}x^3+0.122\,73x^2-15.408\,02x+784.885\,98 \tag{5-5}$$

复合关键层地表下沉特征参数见表 5-4。

表 5-4　　　　　　　　复合关键层地表特征参数表

煤层厚度/m	8	12	16	20	24
地表最大下沉量/m	6.82	10.04	13.47	16.83	20.08
下沉系数	0.852 8	0.836 7	0.841 9	0.841 5	0.836 7
斜率	0.038 23	0.057 31	0.078 65	0.098 18	0.116 57

由表 5-4 得到复合关键层的斜率曲线:

① 煤层厚度为 8 m 时,地表下沉斜率曲线: $y=-0.038\,23x+9.295\,46$。

② 煤层厚度为 12 m 时,地表下沉斜率曲线: $y=-0.057\,31x+14.371\,16$。

③ 煤层厚度为 16 m 时,地表下沉斜率曲线: $y=-0.078\,65x+20.267\,49$。

④ 煤层厚度为 20 m 时,地表下沉斜率曲线: $y=-0.098\,18x+25.642\,22$。

⑤ 煤层厚度为 24 m 时,地表下沉斜率曲线: $y=-0.116\,57x+30.692\,08$。

5.1.3　上覆岩层应力分析

工作面采空区稳定后,上覆岩层竖向应力云图如图 5-6、图 5-7 所示。

(1) 单一关键层覆岩应力云图

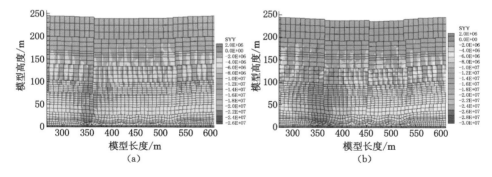

图 5-6　单一关键层上覆岩层应力云图

(a) 煤层厚度为 8 m;(b) 煤层厚度为 12 m

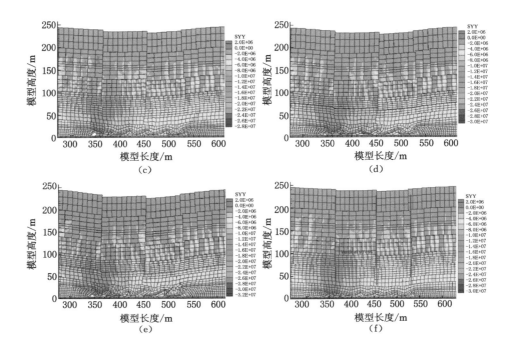

续图 5-6　单一关键层上覆岩层应力云图

(c) 煤层厚度为 16 m；(d) 煤层厚度为 20 m；

(e) 煤层厚度为 24 m；(f) 单一关键层竖向应力

由图 5-6 看出：

① 单一关键层应力伴随关键层破断直接传递至地表，其应力特征为条带式竖向应力；

② 煤层厚度越厚，垂向应力的传递越明显。当煤层厚度为 24 m 时，随工作面开采顶板垮落，垂向应力直接传递至关键层，引起关键层破断，并传递至地表，即关键层上部和下部均有明显的垂向应力表现；当煤层厚度为 8 m 时，关键层下部并无明显的垂向应力变现形式，仅在关键层上部有明显表现，差异性明显。

（2）复合关键层覆岩应力云图

由图 5-7 看出：

① 复合关键层应力传递表现为明显的层次性。第 1 关键层和第 2 关键层应力层位表现明显，第 1 关键层应力明显大于第 2 关键层应力，区分明显。

② 煤层厚度影响应力分布，覆岩应力随煤层厚度增加而逐渐减小。当煤层厚度为 8 m 时，采场上覆岩层应力明显大于煤层厚度为 24 m 的覆岩应力，由此

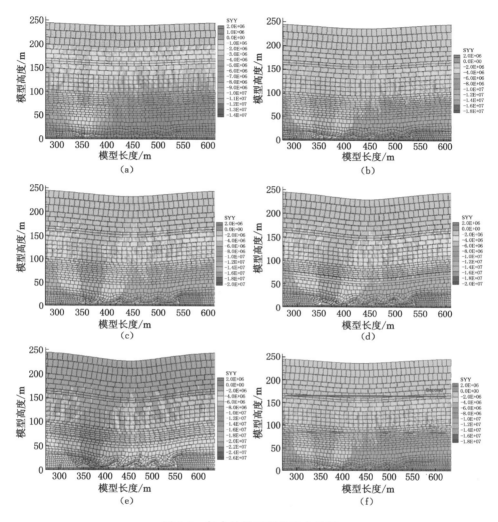

图 5-7 复合关键层覆岩应力云图

(a) 煤层厚度为 8 m;(b) 煤层厚度为 12 m;(c) 煤层厚度为 16 m;

(d) 煤层厚度为 20 m;(e) 煤层厚度为 24 m;(f) 复合关键层分层

可以得出,煤层厚度越大,应力更容易得到释放。

(3) 上覆岩层应力传递规律分析

巷道围岩受到顶板及顶板以上岩层的载荷传递作用,即外结构载荷通过顶板岩体传递至内结构,分析内、外结构的应力传递特征及规律,如图 5-8 所示。

由图 5-8 看出,单一关键层和复合关键层应力在顶板之上均表现为垂向应

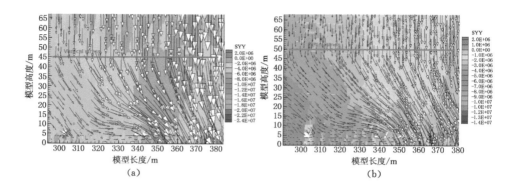

图 5-8　巷道顶板应力传递云图

（a）单一关键层；（b）复合关键层

力传递，顶板破断后，应力矢量发生偏转，矢量偏转角度与煤层厚度有关；同时，单一关键层覆岩整体冲击载荷较复合关键层稍大，复合关键层受上覆复合岩体层位影响，应力传递略显滞后，冲击性偏小。

5.2　巷道围岩变形机理分析

对覆岩破断及变形机理研究之后，在覆岩应力传递的基础上，对巷道围岩内结构进行深入的研究。巷道围岩变形受到多种因素的影响，例如：围岩力学性质、开采深度、煤层厚度、煤层倾角、支撑体的力学特性、生产因素等。下面着重研究煤层厚度、煤柱宽度、不放煤段长度三个因素对巷道围岩变形的影响，探讨单因素和多因素耦合条件下巷道围岩变形特征，建立影响巷道围岩变形的物理力学模型，归纳得出巷道围岩位移和应力变化规律。

5.2.1　巷道围岩变形机理分析模型

（1）模型设计

巷道围岩是个复杂空间几何体，通过弹性力学的相关知识将空间问题转化为平面问题。模型模拟的中心为巷道截面，巷道左帮为下区段工作面实体煤，巷道右帮为煤柱及稳定后的上区段工作面采空区。模型对应现场的位置为：上区段已经开采完毕，下区段尚未开采的采空区深部，如图5-9所示。由此，可以把问题简化为平面应力问题。

模型需要研究的主要变量有三个，分别是煤层厚度、煤柱宽度、不放煤段长度，为了全面研究三个因素对巷道围岩变形的影响，结合现场实际，对三个影响

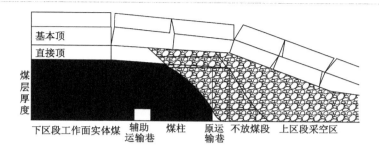

图 5-9　采空区深部采场素描图

因素进行区间划分,分别为:

　　① 煤层厚度:8 m、12 m、16 m、20 m、24 m;

　　② 煤柱宽度:5 m、10 m、15 m、20 m、25 m、30 m、35 m、40 m;

　　③ 不放煤段长度:0 m、1.75 m、3.5 m、5.25 m、7 m、8.75 m、10.5 m。

　　煤层厚度和煤柱宽度为模型建立预先设定的因素,不放煤段长度可在模型开挖过程中设定。因此,对煤层厚度和煤柱宽度进行正交组合,共建立 40 个模型,模型开挖过程中加入不放煤段长度,实现 3 种影响因素多维耦合,可达到280 种模拟效果,具体模拟方案见表 5-5。

表 5-5　　　　　　　　　　　　巷道围岩变形模拟方案

组合		煤层厚度/m				
		8	12	16	20	24
煤柱宽度/m	5	0 m、1.75 m、3.5 m、5.25 m、7 m、8.75 m、10.5 m	0 m、1.75 m、3.5 m、5.25 m、7 m、8.75 m、10.5 m	0 m、1.75 m、3.5 m、5.25 m、7 m、8.75 m、10.5 m	0 m、1.75 m、3.5 m、5.25 m、7 m、8.75 m、10.5 m	0 m、1.75 m、3.5 m、5.25 m、7 m、8.75 m、10.5 m
	10	0 m、1.75 m、3.5 m、5.25 m、7 m、8.75 m、10.5 m	0 m、1.75 m、3.5 m、5.25 m、7 m、8.75 m、10.5 m	0 m、1.75 m、3.5 m、5.25 m、7 m、8.75 m、10.5 m	0 m、1.75 m、3.5 m、5.25 m、7 m、8.75 m、10.5 m	0 m、1.75 m、3.5 m、5.25 m、7 m、8.75 m、10.5 m
	15	0 m、1.75 m、3.5 m、5.25 m、7 m、8.75 m、10.5 m	0 m、1.75 m、3.5 m、5.25 m、7 m、8.75 m、10.5 m	0 m、1.75 m、3.5 m、5.25 m、7 m、8.75 m、10.5 m	0 m、1.75 m、3.5 m、5.25 m、7 m、8.75 m、10.5 m	0 m、1.75 m、3.5 m、5.25 m、7 m、8.75 m、10.5 m

组合		煤层厚度/m				
		8	12	16	20	24
煤柱宽度/m	20	0 m,1.75 m, 3.5 m,5.25 m, 7 m,8.75 m, 10.5 m	0 m,1.75 m, 3.5 m,5.25 m, 7 m,8.75 m, 10.5 m	0 m,1.75 m, 3.5 m,5.25 m, 7 m,8.75 m, 10.5 m	0 m,1.75 m, 3.5 m,5.25 m, 7 m,8.75 m, 10.5 m	0 m,1.75 m, 3.5 m,5.25 m, 7 m,8.75 m, 10.5 m
	25	0 m,1.75 m, 3.5 m,5.25 m, 7 m,8.75 m, 10.5 m	0 m,1.75 m, 3.5 m,5.25 m, 7 m,8.75 m, 10.5 m	0 m,1.75 m, 3.5 m,5.25 m, 7 m,8.75 m, 10.5 m	0 m,1.75 m, 3.5 m,5.25 m, 7 m,8.75 m, 10.5 m	0 m,1.75 m, 3.5 m,5.25 m, 7 m,8.75 m, 10.5 m
	30	0 m,1.75 m, 3.5 m,5.25 m, 7 m,8.75 m, 10.5 m	0 m,1.75 m, 3.5 m,5.25 m, 7 m,8.75 m, 10.5 m	0 m,1.75 m, 3.5 m,5.25 m, 7 m,8.75 m, 10.5 m	0 m,1.75 m, 3.5 m,5.25 m, 7 m,8.75 m, 10.5 m	0 m,1.75 m, 3.5 m,5.25 m, 7 m,8.75 m, 10.5 m
	35	0 m,1.75 m, 3.5 m,5.25 m, 7 m,8.75 m, 10.5 m	0 m,1.75 m, 3.5 m,5.25 m, 7 m,8.75 m, 10.5 m	0 m,1.75 m, 3.5 m,5.25 m, 7 m,8.75 m, 10.5 m	0 m,1.75 m, 3.5 m,5.25 m, 7 m,8.75 m, 10.5 m	0 m,1.75 m, 3.5 m,5.25 m, 7 m,8.75 m, 10.5 m
	40	0 m,1.75 m, 3.5 m,5.25 m, 7 m,8.75 m, 10.5 m	0 m,1.75 m, 3.5 m,5.25 m, 7 m,8.75 m, 10.5 m	0 m,1.75 m, 3.5 m,5.25 m, 7 m,8.75 m, 10.5 m	0 m,1.75 m, 3.5 m,5.25 m, 7 m,8.75 m, 10.5 m	0 m,1.75 m, 3.5 m,5.25 m, 7 m,8.75 m, 10.5 m

（2）数据研究方法

对上述 280 种模型效果,根据研究的侧重点,采用多因素交叉分析与单因素分析组合分析的方法,按照由简单到复杂、由单一到多样的思路,对问题进行逐步研究。主要研究内容为巷道围岩位移变形规律和应力变化规律,主要研究要素为三个部分:

① 不放煤段长度对巷道围岩变形的影响

采用单一变量法,固定煤层厚度和煤柱宽度两个变量,改变不放煤段长度,从而研究不放煤段长度对巷道围岩变形的影响。

② 煤柱宽度对巷道围岩变形的影响

固定煤层厚度和不放煤段的长度,改变煤柱宽度,研究煤柱宽度对巷道围岩变形的影响规律。

③ 煤层厚度对巷道围岩变形的影响

固定煤柱宽度和不放煤段的长度,改变煤层厚度,研究煤层厚度对巷道围岩变形的影响规律。

（3）模型的建立

建立的综放开采模型长度 200 m,垂直高度 52 m,如图 5-10 所示。模型底部边界施加固定约束,左右边界施加水平方向约束。由于是未模拟到地表,故上部施加等效载荷模拟上覆岩层自重;水平应力为侧向压力系数乘以垂直应力。

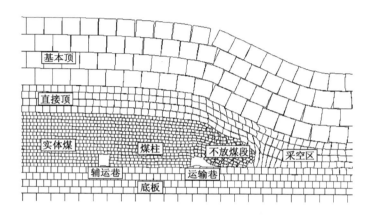

图 5-10　UDEC 数值模型图

模型建立好之后,布置应力、位移测线,记录围岩及煤柱的位移和应力变化规律。模型中测线具体设置如下:

① 辅助运输巷四周布设 4 条测线;

② 从左边界到右边界,沿巷道层位、顶煤层位、基本顶层位分别布置 3 条测线。

（4）模拟步骤

① 对煤层厚度（5 种）和煤柱宽度（8 种）进行正交分析,分别建立 40 个计算模型,模型原岩应力平衡计算;

② 按照设计的开采方案,开采模型中右侧上区段工作面直至端头不放煤段位置;

③ 模型分布开挖,计算应力平衡;

④ 数据的提取与后处理;

⑤ 改变端头放煤距离,重新按照步骤③进行计算,记录不同端头不放煤段长度下模型的位移和应力变化;

⑥ 通过对比端头不放煤段长度、煤柱宽度及煤层厚度,研究巷道与区段煤柱的位移、变形、应力等参数以及巷道与区段煤柱的稳定性,得到安全生产条件下的最优不放煤段长度及合理煤柱宽度。

5.2.2 巷道围岩变形位移与应力云图

采用单因素分析方法,分别分析不放煤段长度、煤柱宽度、煤层厚度对巷道围岩变形的影响。

(1) 不放煤段长度对巷道围岩变形的影响

煤层厚度 16 m,煤柱宽度 20 m 时,不放煤段长度对巷道围岩变形的影响,如图 5-11~图 5-17 所示。

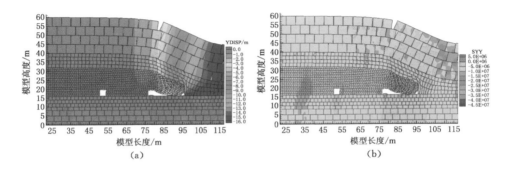

图 5-11　不放煤段长度 10.5 m 时巷道围岩变形云图

(a) 巷道围岩变形位移云图;(b) 巷道围岩变形应力云图

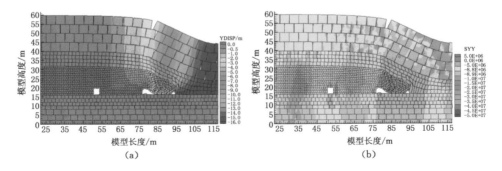

图 5-12　不放煤段长度 8.75 m 时巷道围岩变形云图

(a) 巷道围岩变形位移云图;(b) 巷道围岩变形应力云图

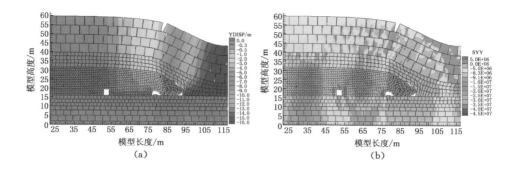

图 5-13　不放煤段长度 7 m 时巷道围岩变形云图

（a）巷道围岩变形位移云图；（b）巷道围岩变形应力云图

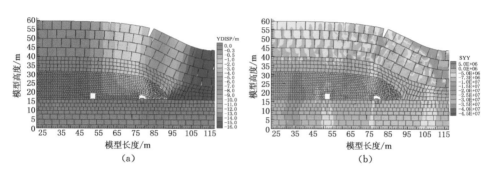

图 5-14　不放煤段长度 5.25 m 时巷道围岩变形云图

（a）巷道围岩变形位移云图；（b）巷道围岩变形应力云图

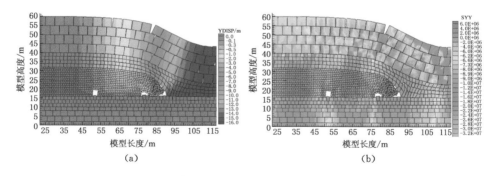

图 5-15　不放煤段长度 3.5 m 时巷道围岩变形云图

（a）巷道围岩变形位移云图；（b）巷道围岩变形应力云图

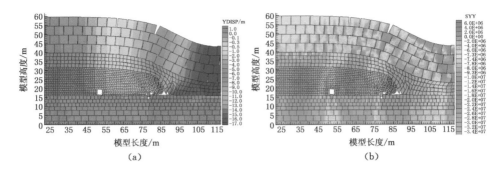

图 5-16　不放煤段长度 1.75 m 时巷道围岩变形云图

（a）巷道围岩变形位移云图；（b）巷道围岩变形应力云图

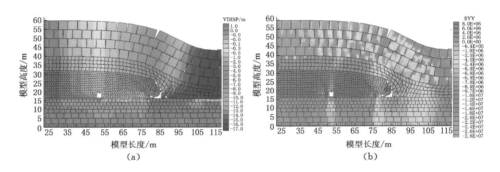

图 5-17　不放煤段长度 0 m 时巷道围岩变形云图

（a）巷道围岩变形位移云图；（b）巷道围岩变形应力云图

由图 5-11～图 5-17 我们可以得到以下规律：

① 采场顶板表现为滑落失稳，滑落失稳旋转角为 8°，滑落块度 $i \approx 0.25$，由此验证了浅埋顶板关键层破断结构理论。

② 顶板主断裂线沿距原运输巷左帮 5 m 的位置（原运输巷的右帮）向顶板延伸，与关键块体滑落失稳断裂位置相吻合。顶板次生（超前）断裂线位于煤柱上，超过煤柱中心线 5 m（距离辅助运输巷右帮 5 m 的位置），次生断裂线并未扩展至煤柱。

③ 原运输巷和辅助运输巷区域内都存在位移变化，位移是由深部围岩变形传递作用引起的。原运输巷围岩变形严重，原运输巷顶板表现为弧形弯曲，底板发生严重鼓起；辅助运输巷右帮有明显的鼓帮现象，并伴随少量的顶板下沉和底鼓的现象发生。

④ 不放煤段顶板为悬臂梁结构。不放煤段长度从 10.5 m 至 5.25 m 逐渐

减小,不放煤段受到顶板压力影响,弯曲垮落,充满后部采空区空间;随着不放煤段长度再次减小,煤柱承载的应力逐渐增加,从 5.25 m 至 0 m 段,不放煤段已经无法完全充填后部采空区,顶板压力通过短小的不放煤段向煤柱转移;煤柱受到的顶板侧向挤压力后,煤柱右侧发生塑性变形,并逐渐向煤柱内部转移,垂直方向的力转移至原运输巷底板,在原运输巷底板释放出来,引发巷道底鼓,水平方向的力则通过煤柱转移至原辅助运输巷释放出来,造成辅助运输巷右帮明显鼓帮。

（2）煤柱宽度对巷道围岩变形的影响

煤层厚度 16 m,不放煤段长度为 0 m 时,煤柱宽度对巷道围岩变形的影响,如图 5-18～图 5-25 所示。

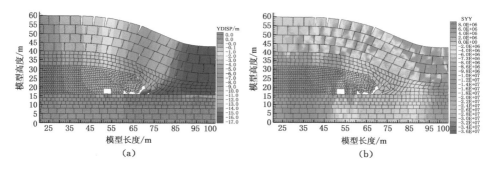

图 5-18　煤柱宽度 5 m 时巷道围岩变形云图

（a）巷道围岩变形位移云图；（b）巷道围岩变形应力云图

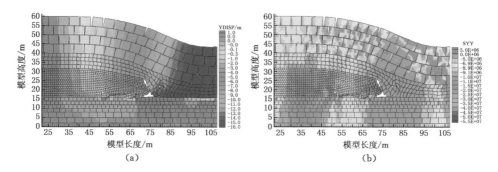

图 5-19　煤柱宽度 10 m 时巷道围岩变形云图

（a）巷道围岩变形位移云图；（b）巷道围岩变形应力云图

由图 5-18～图 5-25 的位移云图和应力云图可直观得出,煤层厚度 16 m,不放煤段长度为 0 m 时,煤柱宽度对巷道围岩变形的影响：

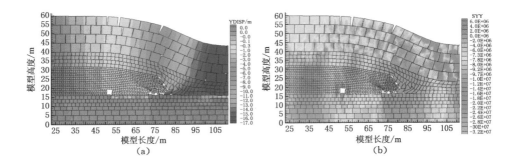

图 5-20　煤柱宽度 15 m 时巷道围岩变形云图
（a）巷道围岩变形位移云图；（b）巷道围岩变形应力云图

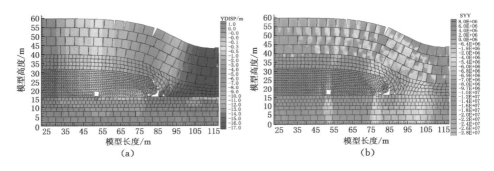

图 5-21　煤柱宽度 20 m 时巷道围岩变形云图
（a）巷道围岩变形位移云图；（b）巷道围岩变形应力云图

① 煤柱宽 5 m 时，煤柱及顶煤邻近采空区侧进入塑性区，煤柱出现小范围的应力集中，但工作面端头的超前应力并未将煤柱彻底压垮，反而跨过煤柱及辅助运输巷，在辅助运输巷左侧实体煤内达到其应力峰值。

② 煤柱宽 10 m 时，煤柱及辅助运输巷处在塑性破坏区内，煤柱被彻底压垮，辅助运输巷被彻底破坏，超前应力区处在实体煤内部。

③ 煤柱宽 15 m 时，煤柱靠近辅助运输巷侧具有一定的支撑强度，煤柱并未被压垮，但煤柱塑性区破断较大，片帮严重，辅助运输巷断面缩小，影响巷道的正常使用。

④ 煤柱宽 20 m 时，煤柱支撑强度增加，煤柱靠近采空区侧塑性变形严重，但煤柱靠实体煤侧变形量较小，巷道可以修复后继续使用。

⑤ 煤柱宽 25～40 m 时，随煤柱宽度增加，煤柱的支撑强度增加，应力峰值落在煤柱中间，巷道变形量小。

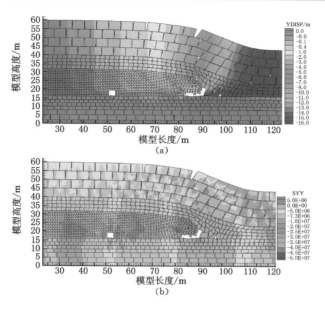

图 5-22　煤柱宽度 25 m 时巷道围岩变形云图

（a）巷道围岩变形位移云图；（b）巷道围岩变形应力云图

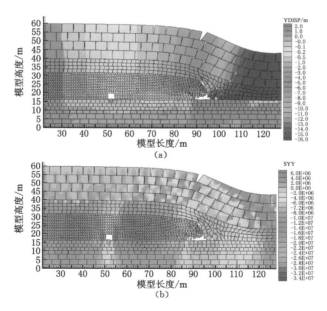

图 5-23　煤柱宽度 30 m 时巷道围岩变形云图

（a）巷道围岩变形位移云图；（b）巷道围岩变形应力云图

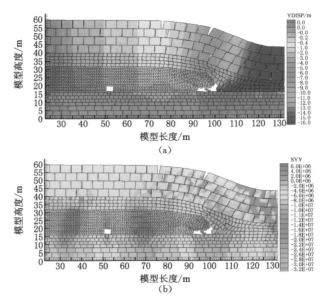

图 5-24　煤柱宽度 35 m 时巷道围岩变形云图

（a）巷道围岩变形位移云图；（b）巷道围岩变形应力云图

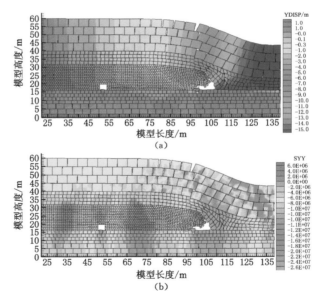

图 5-25　煤柱宽度 40 m 时巷道围岩变形云图

（a）巷道围岩变形位移云图；（b）巷道围岩变形应力云图

（3）煤层厚度对巷道围岩变形的影响

不放煤段长度为 0 m，煤柱宽度为 20 m 时，煤层厚度对巷道围岩变形的影响，如图 5-26～图 5-30 所示。

由图 5-26～图 5-30 可知，不放煤段长度为 0 m，煤柱宽度为 20 m 时，煤层厚度对巷道围岩变形的影响规律：

① 煤层厚度为 8 m，顶板并未发生断裂破断，顶板压力全部作用在煤柱上，煤柱宽度虽然为 20 m，但煤柱仍然被压垮。这表明，煤层厚度与煤柱宽度满足一定的关系。

② 煤层厚度为 12 m，顶板岩层沿煤柱采空区帮侧断裂，煤柱所受的顶板煤柱没有被压垮，但煤柱处于塑性变形区，煤柱变形严重，辅助运输巷发生大变形底鼓，巷道维护困难。

③ 煤层厚度为 16 m，顶板岩层除在煤柱采空区侧帮处发生滑落失稳，在煤柱上部顶板位置发生超前断裂，断裂线在中线上方，煤柱采空区侧发生塑性变形，巷道有少量的底鼓，巷道可以修复后使用。

④ 煤层厚度为 20 m、24 m 时，巷道变形量逐渐减小，同时，煤柱上方超前断裂线的位置由煤柱中线向实体煤侧转移。

综上分析，煤层的厚度影响顶板的破坏形式和顶板超前断裂线的位置。

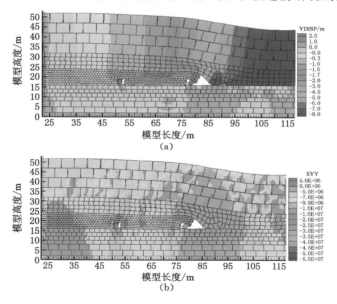

图 5-26 煤层厚度 8 m 时巷道围岩变形云图

(a) 巷道围岩变形位移云图；(b) 巷道围岩变形应力云图

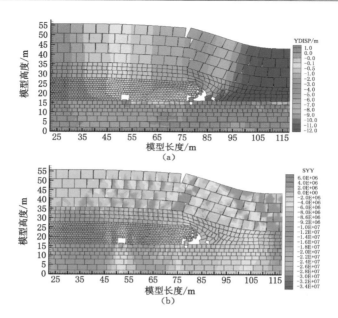

图 5-27　煤层厚度 12 m 时巷道围岩变形云图

（a）巷道围岩变形位移云图；（b）巷道围岩变形应力云图

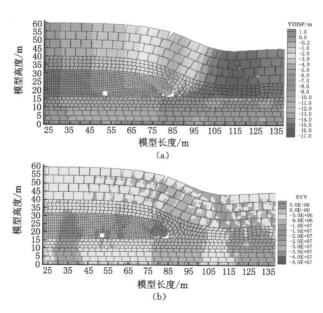

图 5-28　煤层厚度 16 m 时巷道围岩变形云图

（a）巷道围岩变形位移云图；（b）巷道围岩变形应力云图

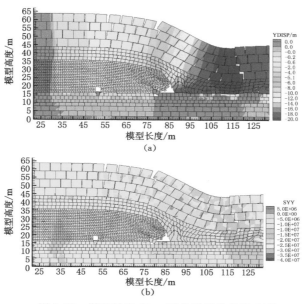

图 5-29 煤层厚度 20 m 时巷道围岩变形云图
（a）巷道围岩变形位移云图；（b）巷道围岩变形应力云图

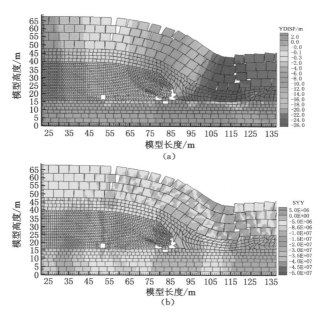

图 5-30 煤层厚度 24 m 时巷道围岩变形云图
（a）巷道围岩变形位移云图；（b）巷道围岩变形应力云图

5.2.3 巷道围岩位移变形规律

模型辅助运输巷巷道顶底板及两帮布置 4 条测线,上区段工作面开采结束后,分析辅助运输巷两帮以及顶底板变形量,可以有效地反映出此时巷道的变形情况。

(1) 不放煤段对巷道围岩位移变化的影响

煤层厚度为 16 m,煤柱宽度为 20 m 时,不放煤段长度对辅助运输巷道变形的影响,如图 5-31～图 5-37 所示。

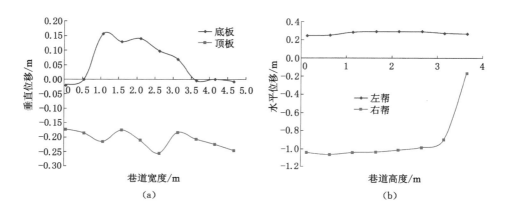

图 5-31 不放煤段为 10.5 m 时巷道变形情况

(a) 巷道顶底变形量;(b) 巷道两帮变形量

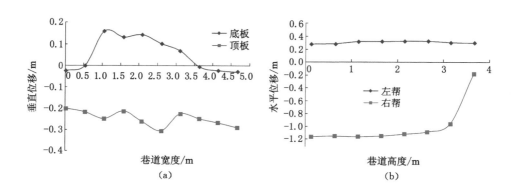

图 5-32 不放煤段为 8.75 m 时巷道变形情况

(a) 巷道顶底变形量;(b) 巷道两帮变形量

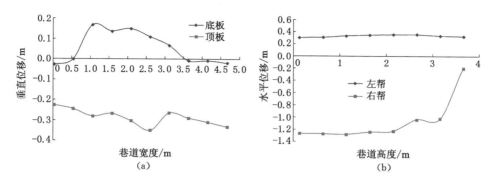

图 5-33　不放煤段为 7 m 时巷道变形情况
（a）巷道顶底变形量；（b）巷道两帮变形量

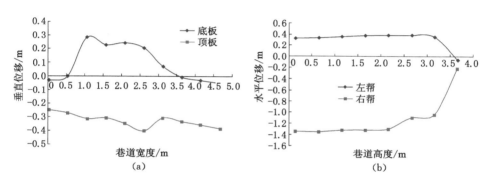

图 5-34　不放煤段为 5.25 m 时巷道变形情况
（a）巷道顶底变形量；（b）巷道两帮变形量

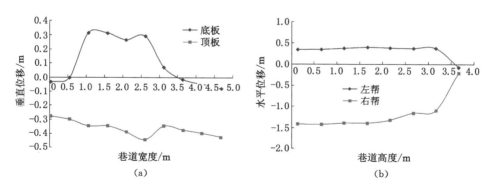

图 5-35　不放煤段为 3.5 m 时巷道变形情况
（a）巷道顶底变形量；（b）巷道两帮变形量

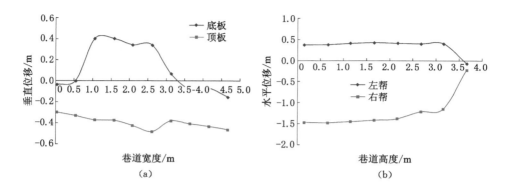

图 5-36　不放煤段为 1.75 m 时巷道变形情况
（a）巷道顶底变形量；（b）巷道两帮变形量

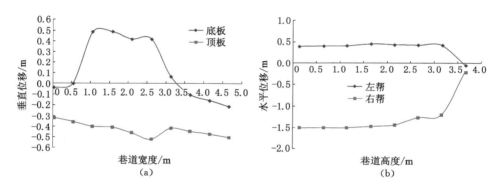

图 5-37　不放煤段为 0 m 时巷道变形情况
（a）巷道顶底变形量；（b）巷道两帮变形量

由图 5-31～图 5-37 可知，煤层厚度为 16 m，煤柱宽度 20 m 时，不放煤段长度对辅助运输巷道变形的影响规律如下：

① 巷道顶板表现为整体下沉，整体表现波动曲线，顶板截面范围波动幅度为 0.26 m，在距左帮 2.7 m 的位置（近似为巷道中线）均达到变形最大值，同时巷道顶板右侧的位移量整体稍高于左侧。

② 巷道底板表现为马鞍式变形，突出表现为底板中部底鼓突出，呈现桌式台阶，台阶宽度为 1.7 m，高度随不放煤段长度减小而逐渐增大。随着不放煤段长度的减小，巷道底板两帮部均出现了少量的凹陷，右帮底部表现得较为明显，经分析其为煤柱应力转移的结果。

③ 巷道左帮表现为整体平移鼓帮,伴随不放煤段长度逐步减小,鼓帮位移从 0.30 m 增加到 0.46 m,同时,在不放煤段长度从 5.25 m 减小至 0 m 时,左帮顶角出现微弱变化,并未像其他部位一样平移鼓帮,反而表现为顶角内缩。

④ 巷道右帮表现为底角和中部鼓肚现象,变形明显,变形范围为从右帮底角往上 3 m,占到整个右帮的 3/4,最大变形量达到 1.51 m,最小变形也有 1 m;同时,伴随不放煤段长度逐步减小,帮部位移从 1.06 m 增加到 1.51 m。在右帮大量变形的同时,右帮的顶角却变形较弱,变形量仅为 0.2 m。

综合上述分析,巷道维护的重点为巷道右帮,同时针对性地对巷道顶底和左帮进行有效的治理,为将来巷道围岩的控制和巷道支护措施的提出提供了可靠的理论和数值依据。

巷道顶底和两帮的变形是巷道支护的重点,需要研究巷道围岩随不放煤段长度的变形规律,巷道顶底和两帮随不放煤段长度变化的最大变形量见表 5-6。

表 5-6　　　　　　　　巷道围岩最大变形量随不放煤段长度变化表

L_{Stop} /m	MAX(L_{Roof}) /m	MAX(L_{Floor}) /m	MAX(L_{Left}) /m	MAX(L_{Right}) /m	Total /m
10.50	0.25	0.16	0.30	1.06	1.77
8.75	0.33	0.16	0.33	1.18	2.00
7.00	0.33	0.17	0.36	1.28	2.14
5.25	0.40	0.29	0.39	1.35	2.43
3.50	0.44	0.32	0.41	1.41	2.58
1.75	0.48	0.40	0.44	1.47	2.79
0	0.51	0.50	0.46	1.51	2.98

注:MAX(L_{Roof})为顶板最大变形量;MAX(L_{Floor})为底板最大变形量;MAX(L_{Left})为左帮最大变形量;MAX(L_{Right})为右帮最大变形量;L_{Stop}为不放煤段长度。

由表 5-6 可知,随不放煤段长度的逐渐减小,巷道顶底和两帮的位移量均表现为逐渐增大的趋势。巷道顶底和两帮最大变形量随不放煤长度变化趋势曲线,如图 5-38 所示。

对图 5-38 进行曲线拟合,可以得到巷道围岩变形量随不放煤段长度的变化曲线方程:

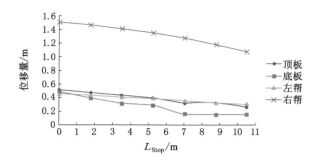

图 5-38　巷道围岩变形量与不放煤段长度的关系曲线

① 顶板曲线方程
$$y=-0.024\,898x+0.523\,57$$

② 底板曲线方程
$$y=3.109\,8\times10^{-4}x^3-2.487\,9\times10^{-3}x^2-3.932\times10^{-2}x+0.484\,76$$

③ 左帮曲线方程
$$y=-0.015\,306x+0.464\,64$$

④ 右帮曲线方程
$$y=2.410\,1\times10^{-3}x^2-1.673\,5\times10^{-2}x+1.506\,7$$

拟合曲线与原数据曲线对照图,如图 5-39 所示。

从图 5-39 看出:

① 巷道顶板和左帮的最大变形量随不放煤段长度的增加均表现为线性减小,而巷道底板和右帮由于受到煤柱的影响,最大变形量随不放煤段长度增加表现为二次及高次曲线,但总体趋势随不放煤段长度的增加而逐渐减小。这说明,在一定情况下,不放煤段长度的增加,有助于减小巷道变形量。

② 端头不放煤段长度主要影响巷道右帮的变形量,右帮的变形幅度约为巷道顶板、底板、左帮三者变形量之和。

综合上述分析,得到巷道围岩顶底和两帮巷道最大变形量之和与不放煤段长度之间的关系,如图 5-40 所示。

从图 5-40 可以得到,巷道围岩总变形量与不放煤段长度之间的规律方程为:
$$y=-0.113\,55x+2.984\,48$$

同时兼顾端头不放煤段的煤炭损失,可以得到优化后的端头不放煤段长度为 7 m,即端头不放煤架数为 4 架(单架长度为 1.75 m),此时巷道围岩总变形量

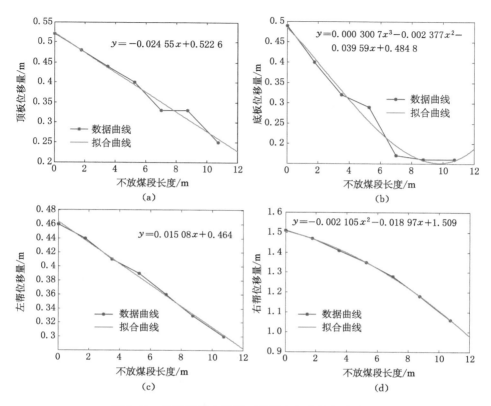

图 5-39　巷道围岩变形随不放煤段长度的拟合曲线

（a）顶板；（b）底板；（c）左帮；（d）右帮

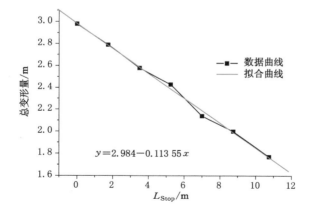

图 5-40　巷道围岩总变形量与不放煤段长度关系

较小,达到巷道使用要求。

(2)煤柱宽度对巷道位移变化的影响

煤层厚度为 16 m,不放煤段长度为 0 m 时,煤柱宽度对巷道变形的影响,如图 5-41～图 5-48 所示。

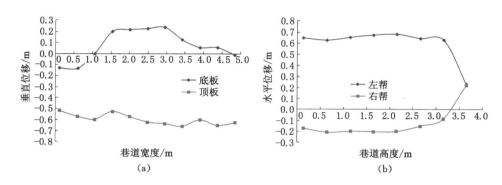

图 5-41　煤柱宽度 5 m 时巷道变形情况

(a)巷道顶底变形量;(b)巷道两帮变形量

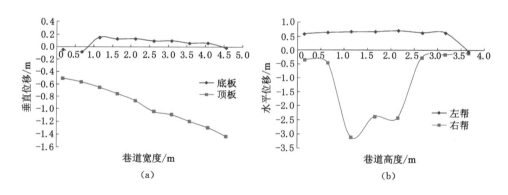

图 5-42　煤柱宽度 10 m 时巷道变形情况

(a)巷道顶底变形量;(b)巷道两帮变形量

由图 5-41～图 5-48 可知,煤层厚度为 16 m,不放煤长度为 0 m 时,煤柱宽度对辅助运输巷道变形的影响规律如下:

① 巷道顶板表现为整体下沉的波动曲线,顶板截面范围波动幅度为 0.406 m;当煤柱宽度为 15～40 m 时,巷道顶板位移在距左帮 2.7 m 的位置(近似为巷道中线)均达到变形最大值,同时巷道顶板右侧的位移量整体稍高于左侧;当煤柱宽度为 5 m 时,巷道顶板位移波动较小,波动范围为0.1 m,巷道顶板

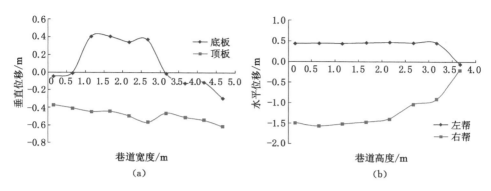

图 5-43　煤柱宽度 15 m 时巷道变形情况

（a）巷道顶底变形量；（b）巷道两帮变形量

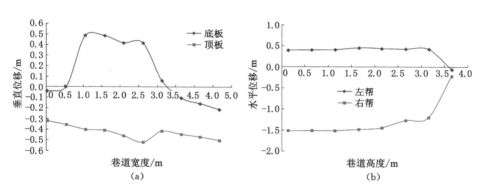

图 5-44　煤柱宽度 20 m 时巷道变形情况

（a）巷道顶底变形量；（b）巷道两帮变形量

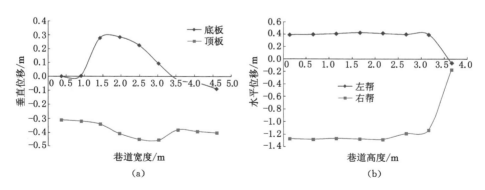

图 5-45　煤柱宽度 25 m 时巷道变形情况

（a）巷道顶底变形量；（b）巷道两帮变形量

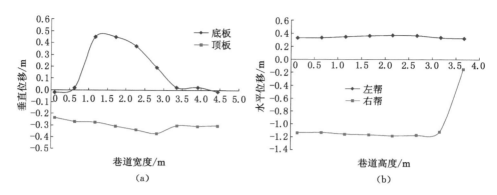

图 5-46　煤柱宽度 30 m 时巷道变形情况

（a）巷道顶底变形量；（b）巷道两帮变形量

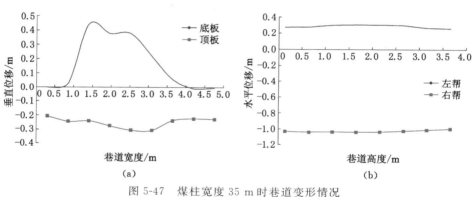

图 5-47　煤柱宽度 35 m 时巷道变形情况

（a）巷道顶底变形量；（b）巷道两帮变形量

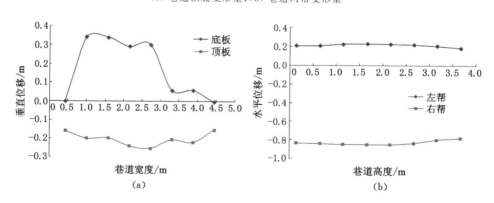

图 5-48　煤柱宽度 40 m 时巷道变形情况

（a）巷道顶底变形量；（b）巷道两帮变形量

平均整体下沉 0.55 m；煤柱宽度为 10 m 时，巷道顶板位移变化幅度最大，表现为线性增加，从巷道左帮的 0.5 m 增至 1.42 m，单位距离的变化率为 0.22，顶板呈大角度倾斜变形，顶板维护难度大。

② 巷道底板整体表现中部底鼓突出，两底脚变形较小，中部底鼓最大量为煤柱宽度 20 m 时的 0.501 m；当煤柱宽度为 15 m、20 m、35 m、40 m 时，底鼓曲线呈马鞍式，两端略高，中部略低；当煤柱宽度为 5 m、25 m、30 m 时，底鼓表现为山丘式凸起，并无马鞍式结构的鞍点；当煤柱宽度为 10 m 时，底鼓最大值在距巷道左帮 1.2 m 处，最大底鼓量为 0.153 m，曲线表现为半线性曲线，即从最大值点到巷道右帮为线性变化；当煤柱宽度为 5～25 m 时，巷道两帮底脚均有部分挤压内凹，需要底脚锚杆加强支护，伴随煤柱宽度继续增大，底脚内凹现象逐渐消失。

③ 巷道左帮表现为整体平移鼓帮，伴随巷道煤柱宽度逐渐增大，鼓帮位移从 0.23 m 增加到 0.72 m；煤柱宽度为 5～25 m 时，左帮顶角出现微弱变化，并未像其他部位一样平移鼓帮，反而表现为顶角内缩；煤柱宽度为 30～40 m 时，左帮为水平线性平移，帮面整齐平滑。

④ 巷道右帮类似于左帮的整体平移鼓帮，表现为近似于左帮的半对称结构，变形范围为从右帮底角往上 3 m，占到整个右帮的 3/4，变形量较左帮大，最大变形量达到 1.51 m，最小变形也有 1 m（排除煤柱为 10 m 的情况），右帮顶角的变形量较小；当煤柱宽度为 10 m 时，煤柱进入大变形塑性区，右帮出现严重鼓帮，变形量最大为 3.09 m，结合此时巷道顶板的倾斜最大变形量为 1.42 m，巷道已无法正常使用。

综合上述分析，巷道围岩位移随煤柱宽度的变形表现形式与不放煤段长度对巷道变形特征的影响相类似，由此可以近似地理解为对巷道表面变形而言增加不放煤段长度相当于间接增加了区段煤柱的尺寸，但其内部力的传递表现却差别很大，尤其是当煤柱宽度为 10 m 时，表现更为明显；因此，巷道围岩变形与不放煤段长度和煤柱宽度均有关系，将其两者相互耦合，可以得到优化的煤柱宽度和不放煤段长度，为巷道支护提供保障。

区段煤柱过大就会浪费宝贵的资源，区段煤柱过小，巷道的支护成本可能会相应地提高，因此，合理的煤柱宽度是减小资源浪费、控制巷道变形的一个重要参量，巷道顶底和两帮随煤柱宽度变化的最大变形量见表 5-7。

表 5-7　　　　　　　巷道围岩最大值变形量随煤柱宽度变化表

L_{Pillar} /m	MAX(L_{Roof}) /m	MAX(L_{Floor}) /m	MAX(L_{Left}) /m	MAX(L_{Right}) /m	Total /m
5	0.659	0.239	0.685	0.226	1.809
10	1.420	0.153	0.718	3.090	5.381
15	0.610	0.411	0.481	1.560	3.062
20	0.510	0.501	0.458	1.510	2.979
25	0.454	0.286	0.434	1.280	2.454
30	0.370	0.449	0.375	1.180	2.374
35	0.306	0.443	0.306	1.040	2.095
40	0.253	0.340	0.230	0.850	1.673

注：MAX(L_{Roof})为顶板最大变形量；MAX(L_{Floor})为底板最大变形量；MAX(L_{Left})为左帮最大变形量；MAX(L_{Right})为右帮最大变形量；L_{Pillar}为煤柱宽度。

由表 5-7 可知，随煤柱宽度的增大，巷道顶底和两帮的位移量整体表现为逐渐减小的趋势（煤柱为 10 m 时除外）。为了更直观地反映随煤柱宽度巷道顶底和两帮最大变形量变化趋势，做出围岩位移与煤柱宽度的变化关系曲线，如图 5-49 所示。

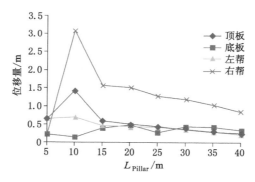

图 5-49　巷道围岩位移与煤柱宽度的关系曲线

对图 5-49 进行曲线拟合，可以得到巷道围岩位移随不放煤段长度的变化曲线方程：

① 顶板曲线方程

$$y = 1.157\ 3 \times 10^{-8} x^7 - 1.989\ 6 \times 10^{-6} x^6 + 1.415\ 7 \times 10^{-4} x^5 - 5.371\ 8 \times 10^{-3} x^4 + 0.116\ 32 x^3 - 1.417\ 1 x^2 + 8.750\ 1 x - 19.259$$

② 底板曲线方程

$$y = 1.517\ 2 \times 10^{-8} x^7 - 2.324\ 5 \times 10^{-6} x^6 + 1.440\ 5 \times 10^{-4} x^5 -$$
$$4.630\ 9 \times 10^{-3} x^4 + 0.082\ 336 x^3 - 0.797\ 93 x^2 + 3.862\ 5 x - 6.938$$

③ 左帮曲线方程

$$y = -4.271\ 1 \times 10^{-8} x^6 + 6.189\ 5 \times 10^{-6} x^5 - 3.546\ 4 \times 10^{-4} x^4 +$$
$$0.010\ 139 x^3 - 0.149\ 31 x^2 + 1.024\ 8 x - 1.770\ 4$$

④ 右帮曲线方程

$$y = 3.820\ 7 \times 10^{-8} x^7 - 6.411\ 6 \times 10^{-6} x^6 + 4.444\ 8 \times 10^{-4} x^5 -$$
$$0.016\ 413 x^4 + 0.346\ 07 x^3 - 4.121\ 6 x^2 + 25.183 x - 56.942$$

拟合曲线与原数据曲线对照图,如图 5-50 所示。

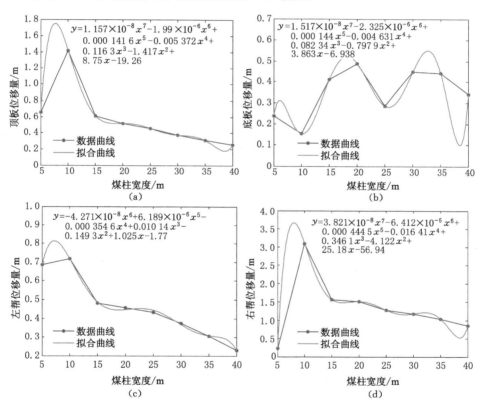

图 5-50 巷道围岩变形随煤柱宽度拟合曲线

(a) 顶板;(b) 底板;(c) 左帮;(d) 右帮

由图 5-50 得出:

① 巷道顶底和两帮的变形量随煤柱宽度的变化主要表现为巷道右帮的变

形量。巷道右帮的变形量比顶底和左帮的变形量之和都要大，煤柱宽度的改变，主要是影响巷道右帮的变形，与不放煤段长度的改变有近似相同的效果，但煤柱宽度的改变量较不放煤段长度要大得多，从经济角度分析，不如改变不放煤段的长度更能有效采出煤炭资源，增加煤炭采出率。

② 煤柱宽度的增加，巷道顶板、左右两帮均表现为位移量逐渐减小的趋势，但巷道底板却表现出高次波动曲线，从波动曲线可以得到，煤柱宽度为 10 m 或 25 m 时底板位移量均较小，但当煤柱宽度为 10 m 时，巷道右帮变形剧烈，造成巷道无法使用。因此煤柱为 25 m 时，巷道围岩稳定性较好。

综合上述分析，绘制巷道围岩顶底和两帮巷道变形量最大之和与煤柱宽度之间的关系，如图 5-51 所示。

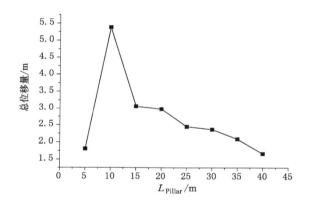

图 5-51　巷道围岩总变形量与煤柱宽度关系曲线

从图 5-51 可以得到，最优的煤柱宽度为 25 m，此时资源既能被充分开采，巷道围岩的总变形量又相对较小，不影响巷道正常使用。

（3）煤层厚度对巷道围岩位移变化的影响

煤柱宽度为 20 m，不放煤段长度为 0 m 时，煤层厚度对巷道变形的影响，如图 5-52～图 5-56 所示。

由图 5-52～图 5-56 可知，煤柱宽度为 20 m，不放煤长度为 0 m 时，煤层厚度对辅助运输巷道变形的影响规律如下：

① 巷道顶板表现为整体下沉的波动曲线，顶板截面范围波动幅度为 0.334 m；当煤层厚度为 12～24 m 时，巷道顶板位移在距左帮 2.7 m 的位置（近似为巷道中线）均达到变形最大值，同时巷道顶板右侧的位移量整体稍高于左侧；当煤层厚度为 8 m 时，巷道顶板左顶角突然变形，但顶板整体保持平稳。

② 巷道底板整体表现中部底鼓突出，两底脚变形较小，底鼓曲线呈马鞍式，

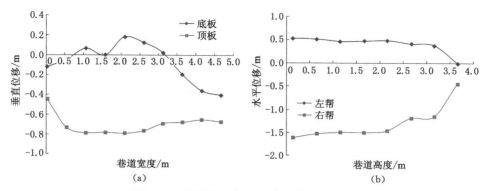

图 5-52　煤层厚度为 8 m 时巷道围岩位移

（a）巷道顶底变形量；（b）巷道两帮变形量

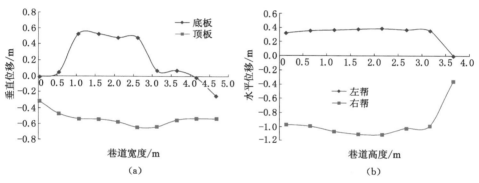

图 5-53　煤层厚度为 12 m 时巷道围岩位移

（a）巷道顶底变形量；（b）巷道两帮变形量

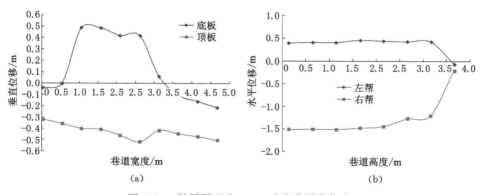

图 5-54　煤层厚度为 16 m 时巷道围岩位移

（a）巷道顶底变形量；（b）巷道两帮变形量

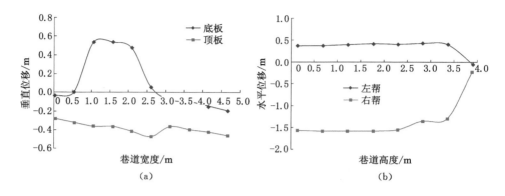

图 5-55 煤层厚度为 20 m 时巷道围岩位移

(a) 巷道顶底变形量;(b) 巷道两帮变形量

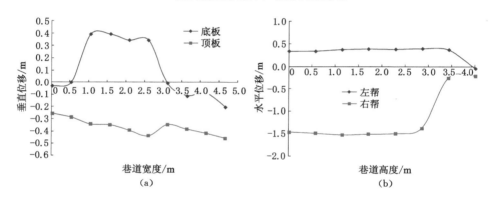

图 5-56 煤层厚度为 24 m 时巷道围岩位移

(a) 巷道顶底变形量;(b) 巷道两帮变形量

两端略高,中部略低;巷道两帮底脚均有部分挤压内凹,需要底脚锚杆加强支护。

③ 巷道左帮表现为整体平移鼓帮,鼓帮位移从 0.39 m 增加到 0.53 m,变化幅度不大,左帮顶角继续出现内缩现象,帮面整体平滑。

④ 巷道右帮类似于左帮的整体平移鼓帮,表现为近似于左帮的半对称结构,变形范围为从右帮底角往上 3 m,占到右帮的 3/4,右帮顶角的变形量较小。

综合上述分析,巷道围岩位移随煤层厚度的变化表现形式与不放煤段长度、煤柱宽度的影响基本相类似。巷道顶底和两帮随煤层变化的最大变形量见表 5-8。

表 5-8			巷道围岩最大值变形量随煤层厚度变化表		
H_{Coal} /m	$\text{MAX}(L_{\text{Roof}})$ /m	$\text{MAX}(L_{\text{Floor}})$ /m	$\text{MAX}(L_{\text{Left}})$ /m	$\text{MAX}(L_{\text{Right}})$ /m	Total /m
8	0.790	0.182	0.534	1.610	3.116
12	0.640	0.527	0.390	1.110	2.667
16	0.510	0.501	0.458	1.510	2.978
20	0.471	0.538	0.426	1.580	3.015
24	0.456	0.394	0.404	1.520	2.774

注：$\text{MAX}(L_{\text{Roof}})$ 为顶板最大变形量；$\text{MAX}(L_{\text{Floor}})$ 为底板最大变形量；$\text{MAX}(L_{\text{Left}})$ 为左帮最大变形量；$\text{MAX}(L_{\text{Right}})$ 为右帮最大变形量；H_{Coal} 为煤层厚度。

由表 5-8 可知，随煤层厚度的增大，巷道底板和两帮的位移量整体表现为逐渐减小的趋势，巷道顶板在煤层厚度为 8 m—12 m—16 m 两个区间段时，变化异常，表现为先减小、后增加的变化趋势，随后随煤层厚度增加，顶板变形量区域稳定。为了更直观地反映随煤层厚度，巷道顶底和两帮最大变形量变化趋势，做出围岩位移与煤层厚度的变化关系曲线，如图 5-57 所示。

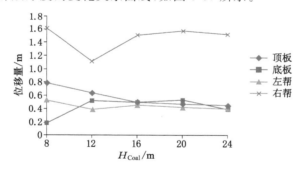

图 5-57　巷道围岩位移与煤层厚度的关系曲线

对图 5-57 进行曲线拟合，可以得到巷道围岩位移随煤层厚度的变化曲线方程：

① 顶板曲线方程
$$y = 1.611\,6 \times 10^{-3} x^2 - 0.072\,496 x + 1.269\,2$$

② 底板曲线方程
$$y = -1.10 \times 10^{-4} x^4 + 7.3 \times 10^{-3} x^3 - 0.177\,64 x^2 + 1.875\,9 x - 6.747$$

③ 左帮曲线方程
$$y = 6.868\,5 \times 10^{-5} x^4 - 4.465\,9 \times 10^{-3} x^3 + 0.113\,9 x^2 - 1.183\,5 x + 4.816$$

④ 右帮曲线方程:

$$y=2.322\ 75\times10^{-4}x^4-1.623\ 7\times10^{-2}x^3+0.407\ 84x^2-4.314x+17.38$$

拟合曲线与原数据曲线对照图,如图 5-58 所示。

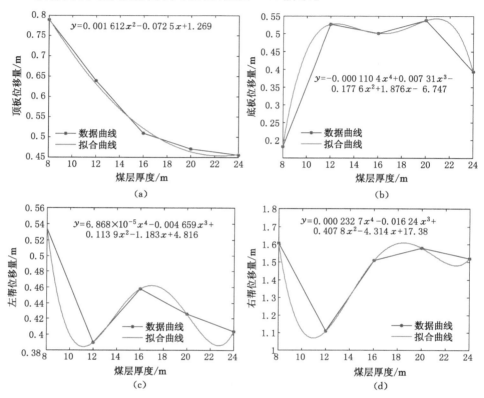

图 5-58　巷道围岩变形随煤层厚度变化的拟合曲线

(a) 顶板;(b) 底板;(c) 左帮;(d) 右帮

从图 5-58 可以得出:

① 巷道顶板位移量随煤层开采厚度的增大表现为逐渐减小的抛物线。

② 巷道底板位移量随煤层开采厚度的增大表现为马鞍形,鞍点位于开采煤层厚度为 16 m,曲线并不对称,左侧变化剧烈,右侧平缓,以鞍点为中线,均表现为先升高后降低的趋势。

③ 巷道左帮和右帮位移量随煤层厚度增加均表现出"降—升—降"的曲线变化趋势,巷道右帮的位移量均大于巷道左帮的位移量。

综合上述分析,绘制巷道围岩顶底和两帮巷道变形量最大之和与煤层厚度之间的关系,如图 5-59 所示。

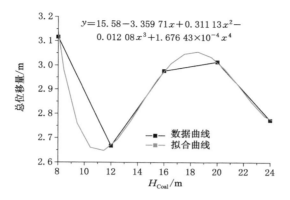

$$y=15.58-3.359\,71x+0.311\,13x^2-$$
$$0.012\,08x^3+1.676\,43\times10^{-4}\,x^4$$

图 5-59　巷道围岩总变形量与煤层厚度关系曲线

从图 5-59 可以得到,巷道围岩总变形量随煤层厚度变化的规律方程:

$$y=1.676\,43\times10^{-4}\,x^4-0.012\,08x^3+0.311\,13x^2-3.359\,71x+15.58$$

可以看出,巷道围岩变形量并非随煤层厚度的增加而线性增加,反而表现出高次波动曲线的形式。煤层厚度为 8 m 时,巷道围岩位移量最大,随着煤层厚度增加,巷道围岩位移量反而减小,至煤层厚度为 12 m 时达到最小值;之后,随煤层厚度增加,巷道围岩位移量增大,至煤层厚度为 18.5 m 时再次达到峰值,再次随煤层厚度增大,巷道围岩位移量再次逐渐减小。分析所得的曲线方程对特厚煤层开采的开采方式有积极的指导作用。

（4）巷道围岩位移变化特征曲线

通过上述对不放煤段长度、煤柱宽度、煤层厚度对巷道围岩位移变化的影响,得到了每个因素对巷道围岩位移变化的规律曲线,对采煤工艺及采煤技术的制定和改进有积极的作用。同时,虽然改变了影响巷道围岩的众多的影响因素,但巷道围岩位移的表现特征基本相同,因此拟合巷道围岩位移变形特征曲线,对巷道支护及维护有重要的作用。

汇总巷道围岩顶底和两帮的图像特征,对图像进行大数据拟合,得到巷道围岩位移变形特征拟合曲线,如图 5-60 所示。

从图 5-60 得到,巷道变形控制的重点部位为巷道左帮顶角、右帮底角、底板中部。巷道围岩变形特征拟合方程如下:

① 巷道顶板变形曲线拟合方程

$$y=-0.038\,9x^4+0.032\,23x^3-0.071\,22x^2-0.003\,72x-0.250\,25$$

② 巷道底板变形曲线拟合方程

$$y=0.021\,31x^3-0.200\,31x^2+0.478\,4x-0.091\,4$$

③ 巷道左帮变形曲线拟合方程

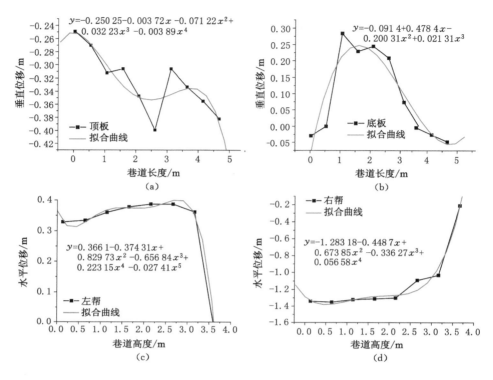

图 5-60　巷道围岩变形特征曲线

(a) 顶板；(b) 底板；(c) 左帮；(d) 右帮

$$y=-0.027\ 41x^5+0.223\ 15x^4-0.656\ 84x^3+0.829\ 73x^2-0.374\ 31x+0.366\ 1$$

④ 巷道右帮变形曲线拟合方程

$$y=0.056\ 58x^4-0.336\ 27x^3+0.673\ 85x^2-0.448\ 7x-1.283\ 18$$

5.2.4　巷道围岩应力变化规律

巷道围岩顶板应力的变化直接影响到煤柱及巷道围岩变形,分析巷道围岩顶板应力分布,可以对巷道围岩的稳定性进行有效的力学研究。分析范围为辅助运输巷左侧实体煤 25 m 至采空区,影响因素为不放煤段长度、煤柱宽度、煤层厚度,分析目标为顶板破断位置、超前影响断裂线的位置、顶板的应力分布等。

(1) 不放煤段长度对巷道顶板应力变化的影响

固定煤层厚度和煤柱宽度,取煤层厚度为 16 m,煤柱宽度为 20 m,研究不放煤段对巷道顶板应力变化的影响,如图 5-61 所示。25~50 m 是实体煤上方顶板,50~55 m 是巷道上方顶板,55~75 m 是煤柱上方顶板,75~80 m 是原运输巷上方顶板,80~115 m 是采空区上方顶板,其中,80~90.5 m 是不放煤段的长度。

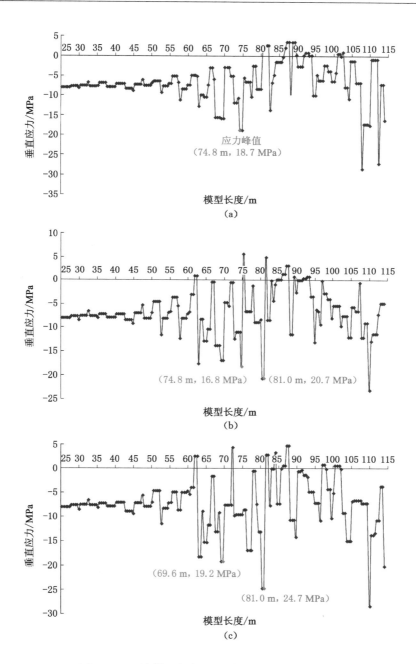

图 5-61　不放煤段长度对巷道顶板应力变化曲线

(a) 不放煤段长度为 10.5 m；(b) 不放煤段长度为 8.75 m；(c) 不放煤段长度为 7 m

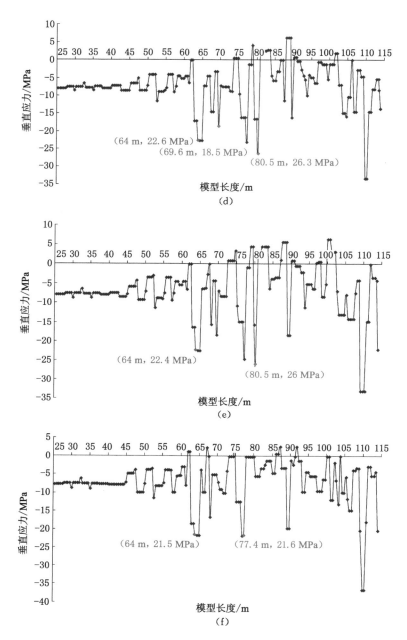

续图 5-61 不放煤段长度对巷道顶板应力变化曲线

(d) 不放煤段长度为 5.25 m；(e) 不放煤段长度为 3.5 m；(f) 不放煤段长度为 1.75 m

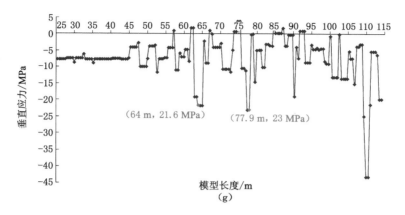

续图 5-61　不放煤段长度对巷道顶板应力变化曲线

(g) 不放煤段长度为 0 m

由图 5-61 看出,不放煤段长度对巷道顶板应力的影响主要体现在以下几个方面:

① 不放煤段长度对煤柱上方应力峰值的影响。随不放煤段长度逐渐减小,煤柱上方顶板的应力峰值波动幅度逐渐增强,波动频率增加,应力值增强;应力第一峰值从(81 m,20.7 MPa)变动至(77.9 m,23 MPa),从顶板靠近采空区侧向实体煤侧移动,移动距离为 3.1 m,应力值增强 2.3 MPa。

② 不放煤段长度对顶板拉伸破断区应力的影响。顶板断裂拉伸区位于模型 70~75 m 的位置,即煤柱(55~75 m)右帮 5 m 范围内,煤柱压缩变形区上方;随不放煤段长度减小,煤柱压缩变形区支承力逐渐增大至顶板破断,发生滑落或切落失稳,顶板拉伸破断区应力趋于稳定。

③ 不放煤段对采空区压实应力的影响。顶板失稳,采空区压实,随不放煤段长度的减小,采空区的垂向压应力逐渐增加,这表明,随不放煤段长度逐渐减小,顶板更易发生台阶切落失稳,对比图 5-61(c)、(d),不放煤段长度为 10.5~7 m 时,顶板易发生滑落失稳,不放煤段长度为 5.25~0 m 时,顶板更易发生台阶切落失稳。

(2) 煤柱宽度对巷道顶板应力变化的影响

固定煤层厚度和不放煤段长度,取煤层厚度为 16 m,不放煤段长度为 0 m,研究煤柱宽度对巷道顶板应力变化的影响,如图 5-62 所示。

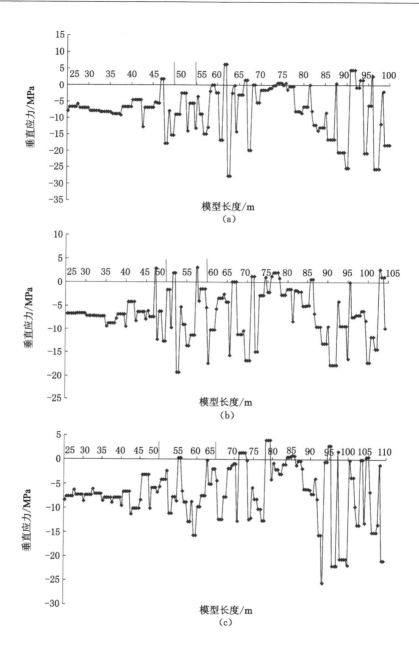

图 5-62　煤柱宽度对巷道顶板应力变化曲线

(a) 煤柱宽度为 5 m；(b) 煤柱宽度为 10 m；(c) 煤柱宽度为 15 m

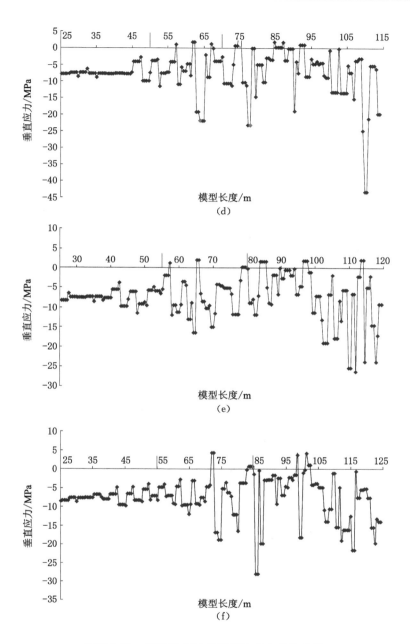

续图 5-62　煤柱宽度对巷道顶板应力变化曲线

(d) 煤柱宽度为 20 m；(e) 煤柱宽度为 25 m；(f) 煤柱宽度为 30 m

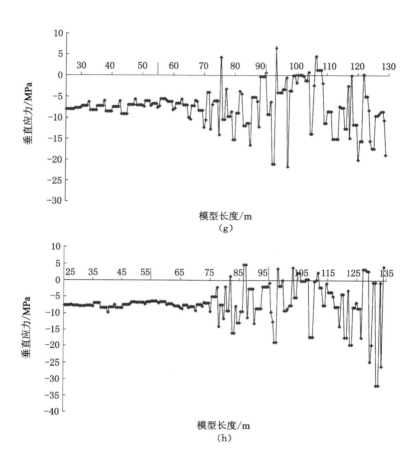

续图 5-62　煤柱宽度对巷道顶板应力变化曲线

（g）煤柱宽度为 35 m；（h）煤柱宽度为 40 m

图 5-62 中两红色短线间为煤柱宽度。

由图 5-62 所示的数据曲线，从顶板超前断裂线位置、顶板拉伸破断位置、煤柱上方顶板应力峰值、顶板应力峰值四方面分析煤柱宽度对顶板应力变化的影响，见表 5-9～表 5-12。

①　顶板超前断裂线位置

表 5-9　　　　　　　　　　　　　顶板超前断裂线参数表

煤柱宽度 /m	煤柱区间 /m	顶板超前断裂线位置/m	距煤柱左帮（巷道）距离/m	距煤柱右帮（采空区）距离/m
5	[55,60]	46.8	−8.2	−13.2
10	[55,65]	47.3	−7.7	−17.7
15	[55,70]	55.2	0.2	−14.8
20	[55,75]	57.3	2.3	−17.7
25	[55,80]	65.7	10.7	−14.3
30	[55,85]	72.4	7.4	−12.6
35	[55,90]	75.4	20.4	−14.6
40	[55,95]	86.5	31.5	−8.5

由表 5-9 可得：

a. 超前断裂线对巷道变形的影响。当煤柱宽度为 5 m 时，超前断裂线位置正好位于巷道左侧实体煤内部，对巷道影响较小；当煤柱宽度为 10～20 m 时，超前影响断裂线正好位于巷道围岩 2.5 m 范围内，巷道由于受到超前影响，围岩变形严重，支护困难；当煤柱宽度为 25～40 m 时，超前影响断裂线位于煤柱内，此时巷道仅受到微弱超前影响。

b. 超前断裂影响范围随煤柱宽度的增加，超前影响距离整体上呈减小趋势，超前影响距离约为 14 m，并随煤柱宽度的增加在 3 m 幅度内波动。

② 顶板拉伸破断位置

表 5-10　　　　　　　　　　　　　顶板拉伸破断参数表

煤柱宽度 /m	煤柱区间 /m	顶板破断位置 /m	距煤柱右帮距离 /m	两断裂线间距 /m
5	[55,60]	61.5	1.5	14.7
10	[55,65]	71.1	6.1	23.8
15	[55,70]	72.7	2.7	17.5
20	[55,75]	75.3	0.3	18.0
25	[55,80]	84.3	4.3	18.6
30	[55,85]	90.5	5.5	18.1
35	[55,90]	93.3	3.3	17.9
40	[55,95]	98.0	3.0	11.5

由表 5-10 可得：

a. 当不放煤段长度为 0 m 时，顶板拉伸破断的位置位于煤柱右侧采空区边缘 3～5 m 范围内，随煤柱宽度的增加对顶板破断位置有微弱影响，顶板破断位置在工作面端头处切落。

b. 顶板超前影响断裂线与顶板拉伸破断位置之间的间距约为 17.5 m，破断间距与工作面周期来压相近，与 3.3.2 理论相吻合，如图 5-63 所示。

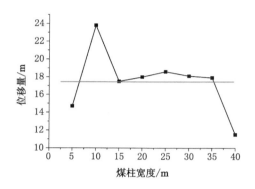

图 5-63　断裂线间距随煤柱宽度变化曲线

③ 煤柱上方顶板应力峰值

表 5-11　　　　　　　　　　煤柱上方顶板拉伸破断参数表

煤柱宽度 /m	煤柱区间 /m	煤柱上方顶板应力峰值位置/m	距煤柱左帮距离/m	距煤柱右帮距离/m	煤柱上方顶板应力峰值/MPa
5	[55,60]	54.8	−0.2	−5.2	13.1
10	[55,65]	52.6	−2.4	−12.4	19.2
15	[55,70]	59.7	4.7	−10.3	15.5
20	[55,75]	65.0	10.0	−10.0	21.6
25	[55,80]	64.7	9.7	−15.3	16.4
30	[55,85]	74.6	19.6	−10.4	18.8
35	[55,90]	84.9	29.9	−5.1	16.6
40	[55,95]	82.5	27.5	−12.5	15.9

由表 5-11 可得：

a. 煤柱上方顶板应力峰值的位置对巷道围岩变形的影响。当煤柱宽度为

5 m 时,煤柱上方应力峰值位于煤柱左帮边缘;当煤柱宽度为 10 m 时,煤柱上方的应力峰值位于辅助运输巷的顶板上方,巷道在顶板应力作用下,被压垮闭合,巷道变形严重,影响正常生产;当煤柱宽度从 15 m 逐渐增加,煤柱上方应力逐渐向煤柱中部转移,对巷道的影响逐渐减小。

b. 煤柱宽度对煤柱上方顶板应力峰值大小的影响。当煤柱宽度为 10 m 时,煤柱上方顶板应力峰值达到 19.2 MPa,煤柱被压垮;当煤柱宽度为 20 m 时,煤柱上方顶板应力峰值达到 21.6 MPa,由于应力峰值位于煤柱中线,煤柱中部出现应力核区,两帮出现塑性变形;当煤柱为 25～40 m 时,煤柱上方顶板应力峰值在 16.9 MPa 上下波动,如图 5-64 所示。

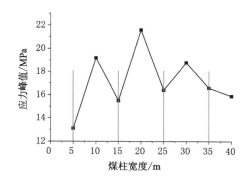

图 5-64　煤柱上方顶板应力峰值随煤柱宽度变化曲线

④ 顶板应力峰值

表 5-12　顶板拉伸破断参数表

煤柱宽度 /m	煤柱区间 /m	顶板应力峰值 位置/m	距煤柱右帮 距离/m	顶板应力峰值 /MPa
5	［55,60］	62.9	2.9	27.5
10	［55,65］	52.6	−12.4	19.2
15	［55,70］	59.7	−10.3	15.5
20	［55,75］	77.9	2.9	23.0
25	［55,80］	64.7	−15.3	16.4
30	［55,85］	86.0	1.0	27.9
35	［55,90］	97.2	7.2	21.5
40	［55,95］	97.4	2.4	18.8

由表 5-12 可得：顶板应力峰值随煤柱宽度呈波动性变化，部分应力峰值发生在煤柱上方顶板，峰值大小以 10 m 为周期发生上下波动，如图 5-65 所示。

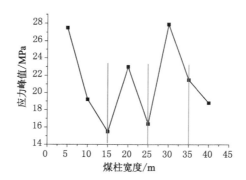

图 5-65　顶板应力峰值随煤柱宽度变化曲线

（3）煤层厚度对巷道顶板应力变化的影响

固定煤柱宽度和不放煤段长度，煤柱宽度 20 m（模型长度在 55～75 m 之间），不放煤段长度为 0 m，研究煤层厚度对巷道顶板应力变化的影响，如图 5-66 所示。

由图 5-66 得出：当煤层厚度为 8～12 m 时，煤柱上方应力表现出规律性升高降低，说明煤柱破坏形式为片状劈裂；当煤层厚度为 16～20 m 时，煤柱上方应力波动明显，出现尖角式应力峰值，应力峰值基本处于煤柱中线；当煤层厚度为 24 m 时，煤柱上方应力保持稳定，应力值较小，此时顶板台阶切落失稳。

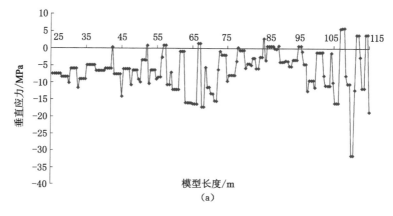

图 5-66　煤层厚度对巷道顶板应力变化曲线

（a）煤层厚度为 8 m

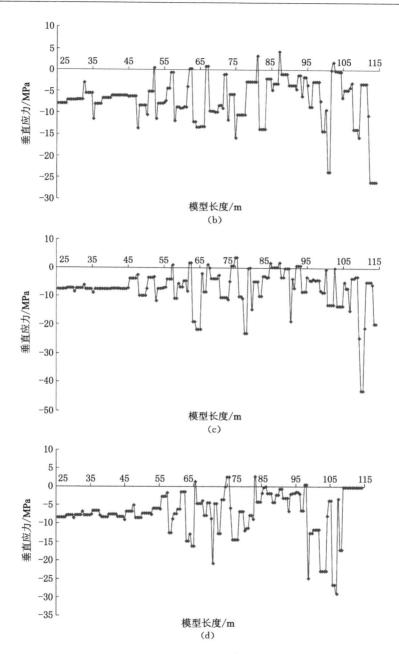

续图 5-66 煤层厚度对巷道顶板应力变化曲线
(b) 煤层厚度为 12 m; (c) 煤层厚度为 16 m; (d) 煤层厚度为 20 m

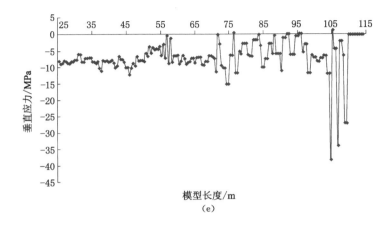

续图 5-66　煤层厚度对巷道顶板应力变化曲线

（e）煤层厚度为 24 m

5.3　区段煤柱合理宽度分析

采空侧巷道煤柱宽度的合理选择是采空侧巷道支护技术的关键环节之一，煤柱宽度过大或过小都不利于巷道围岩的支护和维护。根据煤柱护巷机理，煤柱留设宽度必须有利于巷道维护，使巷道布置在上区段采空区两侧煤体上方的支承压力降低区内，避免相邻采区回采后残余支承压力与超前支承压力的叠加作用。本节结合 5.2 节中的分析，对"内结构"的支承核心区段煤柱进行分层力学分析研究，在顶煤层位和巷道层位，分析区段煤柱的应力分布规律。

5.3.1　区段煤柱位移云图

（1）不放煤段长度对区段煤柱变形的影响

煤层厚度 16 m、煤柱宽度 20 m 时，不放煤段长度对煤柱变形的影响如图5-67 所示。

（2）煤柱宽度对区段煤柱变形的影响

煤层厚度 16 m、不放煤段长度为 0 m 时，煤柱宽度对煤柱变形的影响如图5-68 所示。

（3）煤层厚度对区段煤柱变形的影响

不放煤段长度为 0 m、煤柱宽度为 20 m 时，煤层厚度对煤柱变形的影响如图 5-69 所示。

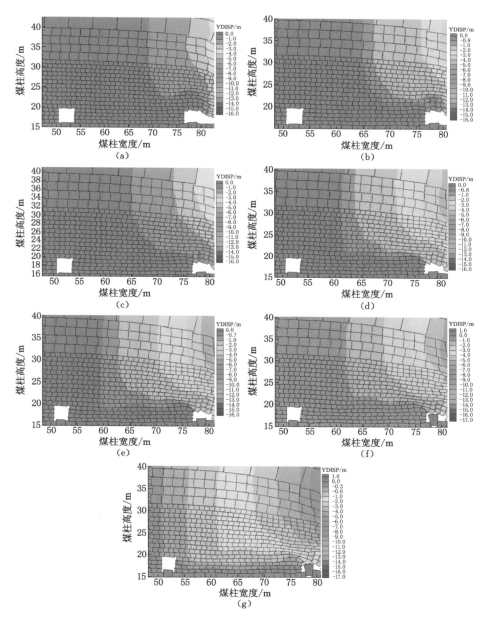

图 5-67 煤柱随不放煤段长度位移变化云图

（a）不放煤段长度 10.5 m；（b）不放煤段长度 8.75 m；（c）不放煤段长度 7 m；
（d）不放煤段长度 5.25 m；（e）不放煤段长度 3.5 m；（f）不放煤段长度 1.75 m；
（g）不放煤段长度 0 m

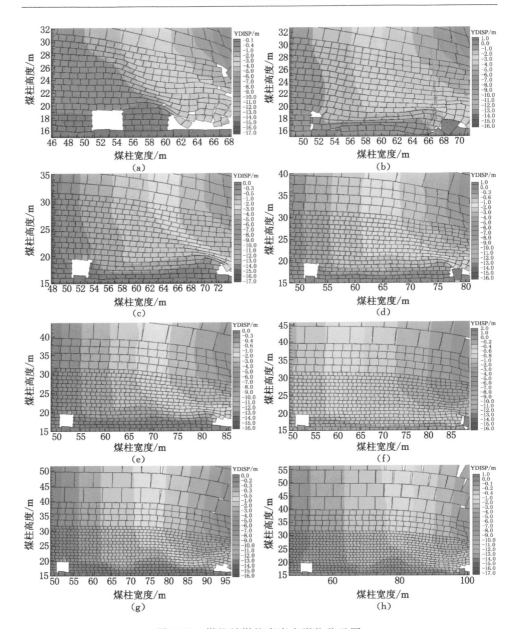

图 5-68 煤柱随煤柱宽度变形位移云图

（a）煤柱宽度 5 m；（b）煤柱宽度 10 m；（c）煤柱宽度 15 m；（d）煤柱宽度 20 m；
（e）煤柱宽度 25 m；（f）煤柱宽度 30 m；（g）煤柱宽度 35 m；（h）煤柱宽度 40 m

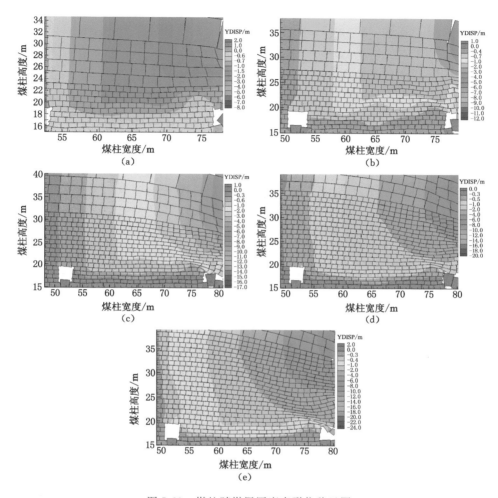

图 5-69　煤柱随煤层厚度变形位移云图

（a）煤层厚度 8 m；（b）煤层厚度 12 m；（c）煤层厚度 16 m；（d）煤层厚度 20 m；（e）煤层厚度 24 m

5.3.2　区段煤柱应力云图

（1）不放煤段长度对区段煤柱变形的影响

煤层厚度 16 m、煤柱宽度 20 m 时，不放煤段长度对区段煤柱变形的影响，如图 5-70 所示。

（2）煤柱宽度对区段煤柱变形的影响

煤层厚度 16 m、不放煤段长度为 0 m 时，煤柱宽度对区段煤柱变形的影响，如图 5-71 所示。

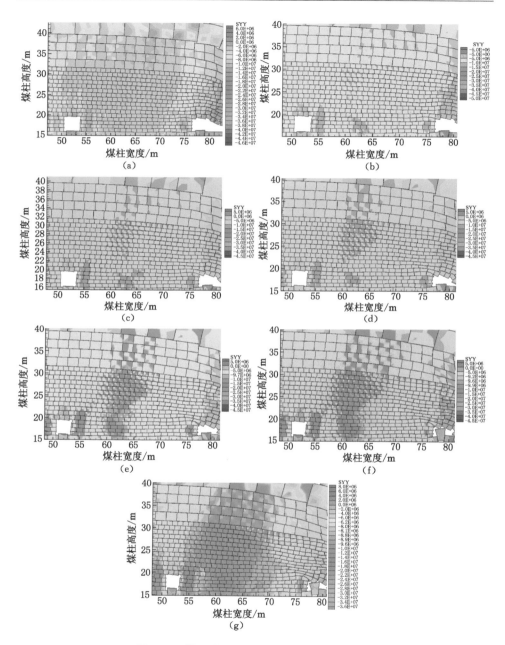

图 5-70　煤柱随不放煤段长度应力变化云图

(a) 不放煤段长度 10.5 m；(b) 不放煤段长度 8.75 m；(c) 不放煤段长度 7 m；

(d) 不放煤段长度 5.25 m；(e) 不放煤段长度 3.5 m；(f) 不放煤段长度 1.75 m；(g) 不放煤段长度 0 m

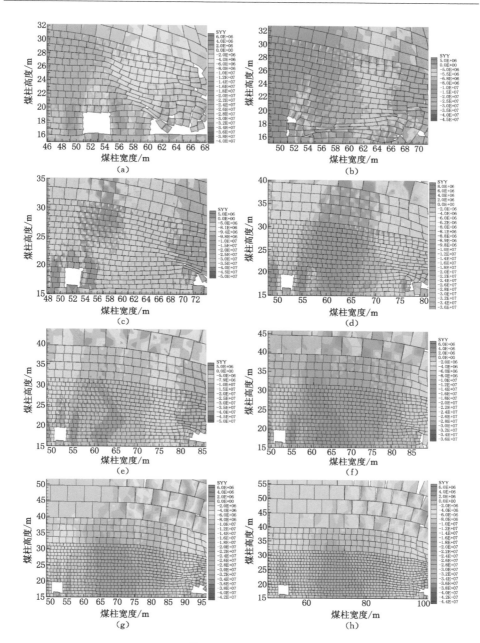

图 5-71　煤柱随煤柱宽度变形应力云图

(a) 煤柱宽度 5 m；(b) 煤柱宽度 10 m；(c) 煤柱宽度 15 m；(d) 煤柱宽度 20 m；
(e) 煤柱宽度 25 m；(f) 煤柱宽度 30 m；(g) 煤柱宽度 35 m；(h) 煤柱宽度 40 m

（3）煤层厚度对区段煤柱变形的影响

不放煤段长度为 0 m、煤柱宽度为 20 m 时,煤层厚度对区段煤柱变形的影响,如图 5-72 所示。

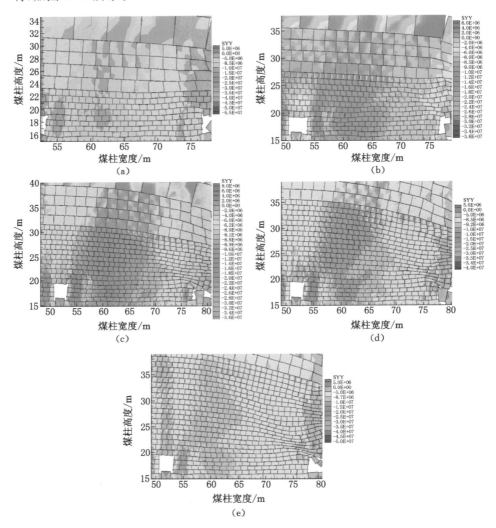

图 5-72　煤柱随煤层厚度变形位移云图

（a）煤层厚度 8 m;（b）煤层厚度 12 m;（c）煤层厚度 16 m;（d）煤层厚度 20 m;（e）煤层厚度 24 m

5.3.3　区段煤柱应力变化规律

（1）不放煤段长度对煤柱应力变化的影响

固定煤层厚度和煤柱宽度,取煤层厚度为 16 m,煤柱宽度为 20 m(模型长度在 55~75 m 之间),研究不放煤段对煤柱应力变化的影响,如图 5-73 所示。

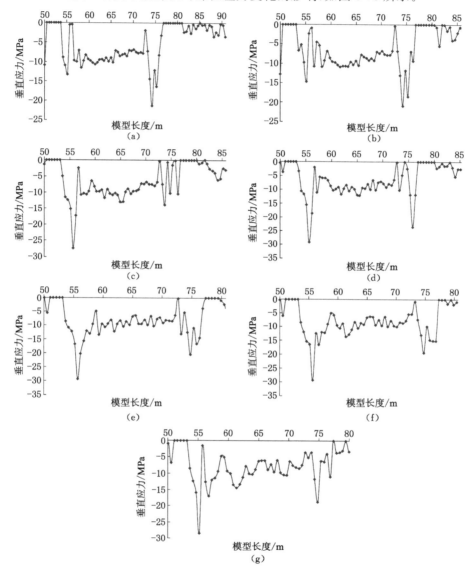

图 5-73 不放煤段长度对煤柱应力变化曲线

(a) 不放煤段长度为 10.5 m;(b) 不放煤段长度为 8.75 m;(c) 不放煤段长度为 7 m;

(d) 不放煤段长度为 5.25 m;(e) 不放煤段长度为 3.5 m;(f) 不放煤段长度为 1.75 m;

(g) 不放煤段长度为 0 m

　　单独取出煤柱段进行特征规律研究,绘制煤柱应力波动曲线,如图 5-74 所示。

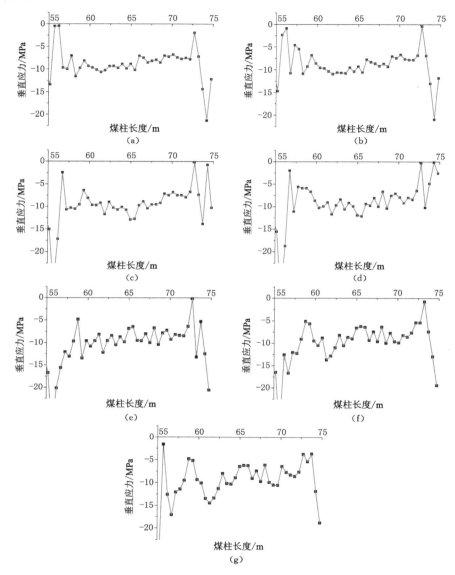

图 5-74　煤柱应力变化特征曲线

（a）不放煤段长度为 10.5 m；（b）不放煤段长度为 8.75 m；（c）不放煤段长度为 7 m；
（d）不放煤段长度为 5.25 m；（e）不放煤段长度为 3.5 m；（f）不放煤段长度为 1.75 m；
（g）不放煤段长度为 0 m

从图 5-74 可以看出，煤柱内部存在两个应力峰值，分别位于煤柱两帮附近，煤柱中部则平稳过渡。当不放煤段长度为 10.5 m 时，煤柱右帮的应力峰值大于煤柱左帮；随着不放煤段长度减小，煤柱应力峰值位置并未发生大的变化，右帮的应力峰值逐渐减小，左帮的应力峰值逐渐增大；当不放煤段长度小于 7 m 后，左帮附近应力峰值大于右帮的应力峰值。由此可以说明，不放煤段长度的变化通过改变应力峰值的大小来影响巷道变形，而对应力峰值的位置并无大的影响。

（2）煤柱宽度对煤柱应力变化的影响

固定煤层厚度和不放煤段长度，取煤层厚度为 16 m，不放煤段长度为 0 m，研究煤柱宽度对煤柱应力变化的影响，如图 5-75 所示。

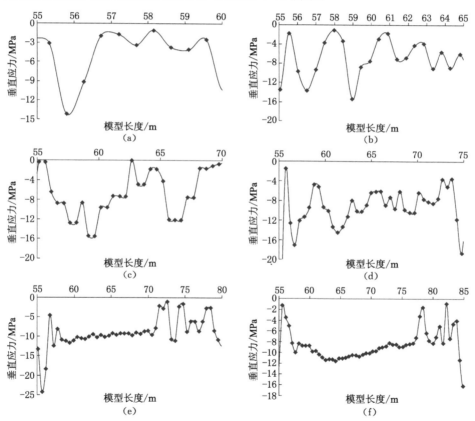

图 5-75　煤柱宽度对煤柱应力变化曲线

（a）煤柱宽度为 5 m；（b）煤柱宽度为 10 m；（c）煤柱宽度为 15 m；

（d）煤柱宽度为 20 m；（e）煤柱宽度为 25 m；（f）煤柱宽度为 30 m

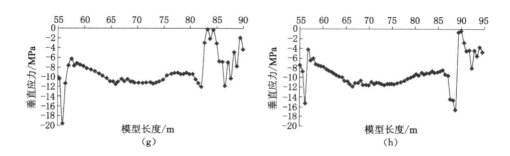

续图 5-75 煤柱宽度对煤柱应力变化曲线

(g)煤柱宽度为 35 m;(h)煤柱宽度为 40 m

从图 5-75 可以看出,随煤柱宽度增加,煤柱应力峰值发生变向转移,应力曲线由波动曲线向平稳曲线转换,合理煤柱宽度应控制在 25～30 m。

① 当煤柱宽度为 5～20 m 时,煤柱应力峰值从煤柱左帮向煤柱右帮转移,从位移上分析,从煤柱左帮 1 m 处转移至煤柱左帮 6 m 处,对煤柱整体而言,从煤柱左帮 1/4 处转移至 1/3 处。

② 当煤柱宽度增大到 25～40 m 时,煤柱应力峰值一直保持在煤柱左帮边缘 3 m 范围内,煤柱内部应力平稳过渡,直至煤柱右帮靠近采空区侧,煤柱发生塑性变形。

(3)煤层厚度对煤柱应力变化的影响

固定煤柱宽度和不放煤段长度,取煤柱宽度 20 m,不放煤段长度为 0 m,研究煤层厚度对煤柱应力变化的影响,如图 5-76 所示。

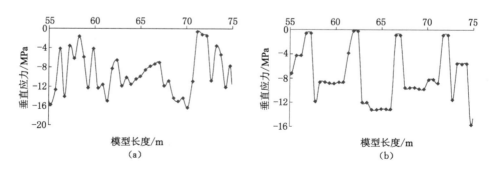

图 5-76 煤层厚度对煤柱应力变化曲线

(a)煤层厚度为 8 m;(b)煤层厚度为 12 m

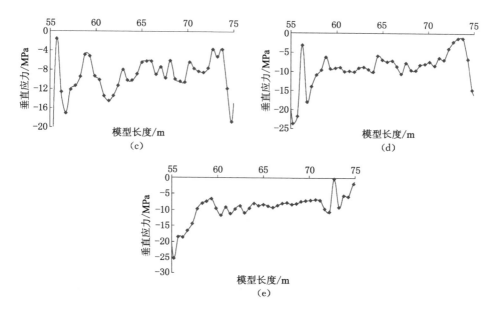

续图 5-76　煤层厚度对煤柱应力变化曲线

(c) 煤层厚度为 16 m；(d) 煤层厚度为 20 m；(e) 煤层厚度为 24 m

从图 5-76 可以得出，煤柱内应力大小及波动特征受到煤层厚度的影响，其原因在于煤层厚度影响顶板断裂线的位置及破断形式。随煤层厚度增加，煤柱内应力波动频率逐渐减小，由曲线波动转至平稳过渡。当煤层厚度为 8 m 时，煤柱内应力呈现高频波动，伴随煤层厚度的增加，波动频率逐渐减小，直至到煤层厚度为 24 m 时接近平稳。煤柱内应力波动的同时，煤柱内应力的大小也由高应力逐渐减弱，最终基本保持在 10 MPa 左右。

5.3.4　区段煤柱顶煤应力变化规律

特厚煤层放顶煤开采，最大采放比为 1∶3，顶煤的厚度对巷道及煤柱的稳定性有重要影响，因此分析顶煤应力变化，对研究煤柱的稳定性有重要意义。

（1）不放煤段长度对顶煤应力变化的影响

固定煤层厚度和煤柱宽度，选取煤层厚度为 16 m，煤柱宽度为 20 m（模型长度在 55～75 m 之间），研究不放煤段对顶煤应力变化的影响，如图 5-77 所示。

从图 5-77 可以看出，顶煤应力随不放煤段的长度变化并不明显，顶煤的应力峰值一直处在煤柱右帮边缘，因为此时不放煤段与巷道围岩形成悬臂梁结构，顶煤应力于是从煤柱右帮向实体煤方向逐渐减小。

（2）煤柱宽度对顶煤应力变化的影响

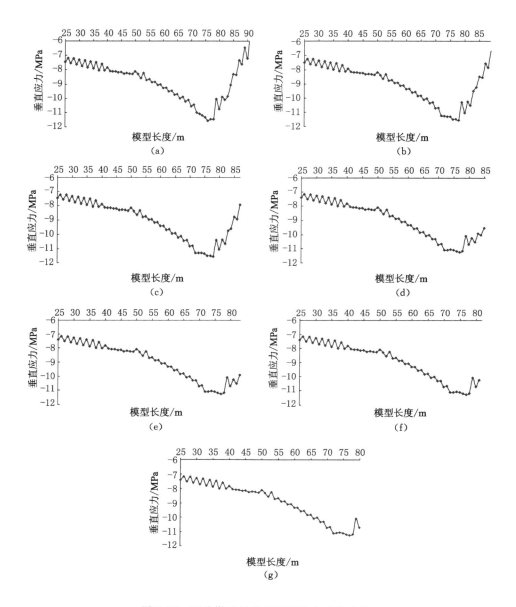

图 5-77　不放煤段长度对顶煤应力变化曲线

（a）不放煤段长度为 10.5 m；（b）不放煤段长度为 8.75 m；（c）不放煤段长度为 7 m；

（d）不放煤段长度为 5.25 m；（e）不放煤段长度为 3.5 m；（f）不放煤段长度为 1.75 m；

（g）不放煤段长度为 0 m

固定煤层厚度和不放煤段长度,取煤层厚度为 16 m,不放煤段长度为 0 m,研究煤柱宽度对顶煤应力变化的影响,如图 5-78 所示。

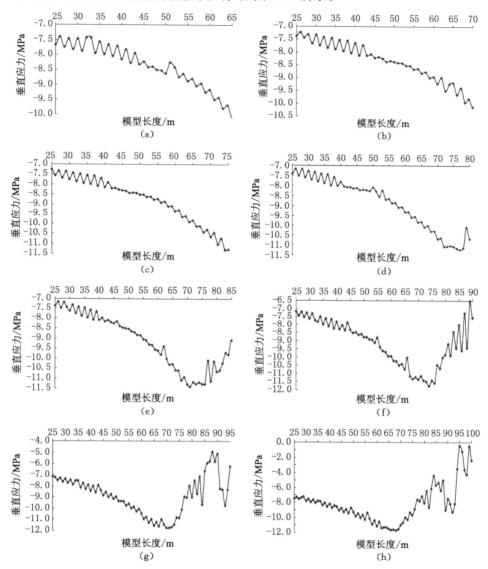

图 5-78 煤柱宽度对顶煤应力变化曲线

(a) 5 m 煤柱;(b) 10 m 煤柱;(c) 15 m 煤柱;(d) 20 m 煤柱;(e) 25 m 煤柱;

(f) 30 m 煤柱;(g) 35 m 煤柱;(h) 40 m 煤柱

从图 5-78 可以看出,煤柱宽度的改变主要影响顶煤应力峰值的位置,随煤柱宽度增加,顶煤应力峰值的位置也由煤柱右帮采空区侧向煤柱内转移,直至煤柱宽度为 40 m 时,转移至煤柱内距右帮 2/3 处。值得注意的是,当煤柱宽度为 20 m 时,应力峰值从顶煤层的煤柱内距右帮 1/4 处转移至巷道层的距右帮 1/2 处,说明应力峰值受煤层厚度的影响发生侧向转移。

(3)煤层厚度对顶煤应力变化的影响

固定煤柱宽度和不放煤段长度,取煤柱宽度 20 m,不放煤段长度为 0 m,研究煤层厚度对顶煤应力变化的影响,如图 5-79 所示。

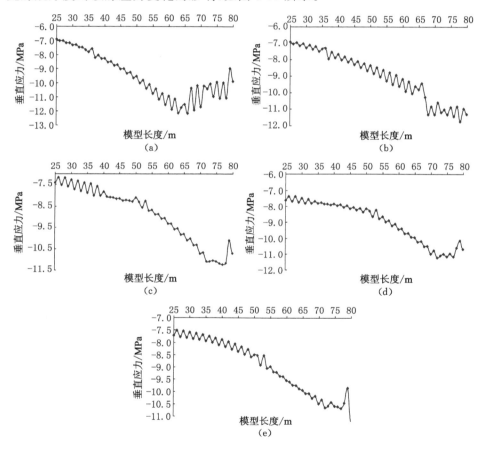

图 5-79 煤层厚度对顶煤应力变化曲线

(a)煤层厚度 8 m;(b)煤层厚度 12 m;(c)煤层厚度 16 m;

(d)煤层厚度 20 m;(e)煤层厚度 24 m

从 5-79 可以看出,煤层厚度对顶煤应力的变化主要体现在顶煤应力峰值位置的变化。顶煤应力峰值随煤层厚度的变化从煤柱内部逐渐向采空区侧转移,说明煤层厚度的变化直接影响顶板的破断形式及断裂线的位置。

5.4　小结

(1) 采用离散元数值计算方法建立了覆岩对比分析模型,得到了覆岩下沉系数随煤层厚度的变化规律。结果表明:覆岩下沉系数随煤层厚度增加而增加,单一关键层和复合关键层地表下沉系数均值分别为 0.866 和 0.8419;单一关键层覆岩整体表现为台阶式切落下沉,切落块度变化区间为 9~25 m;复合关键层覆岩则表现为弯曲下沉,斜率随煤层厚度增加呈线性增加。

(2) 对煤柱宽度、不放煤段长度、煤层厚度等不同组合条件下巷道围岩变形特征进行了研究,验证了端头不放煤段为悬臂梁结构。计算结果发现:巷道围岩变形量随煤层厚度增加表现为逐渐增加的高次波动曲线,右帮的变形量约为顶、底板和左帮三者变形量之和;通过分析巷道围岩变形特征,得知巷道变形控制的重点部位为巷道左帮顶角、右帮底角和底板中部;通过参数优化比较,得到最优的端头不放煤段长度为 7 m,合理的区段煤柱宽度为 25~30 m,顶板超前应力峰值距顶板拉伸破断位置约为 17.5 m。

(3) 通过对煤柱、顶煤、基本顶三个层位的应力进行分析,得到煤柱应力峰值的位置和大小受煤柱宽度、煤层厚度和不放煤段长度的影响规律。结果表明:应力峰值受煤柱宽度的影响最为明显。当煤柱宽度为 10 m 时,煤柱应力峰值达到 19.2 MPa,巷道被压垮闭合;当煤柱宽度为 20 m 时,煤柱应力峰值达到 21.6 MPa,位于煤柱中线,煤柱两帮塑性变形;当煤柱为 25~40 m 时,煤柱应力峰值在 16.9 MPa 上下波动。

6　综放开采巷道围岩变形控制及实践

　　长期以来,巷道围岩变形控制理论与技术一直是采矿技术领域研究的热点问题,尤其是西部大开发以后,内蒙古、陕西、新疆等地的特厚煤层陆续被规划开采,而特厚煤层综放开采条件下的巷道围岩变形控制也成了亟待研究的重点问题。在对厚松散层特厚煤层综放开采条件下巷道围岩变形机理研究的基础上,本章针对大采高、大采放比、特厚煤层等复杂条件,以不连沟煤矿为工程背景研究支护与围岩的相互作用机制,提出了巷道围岩变形控制的原理和方法,设计和优化了巷道支护方案。通过现场工业性试验和实测,得到采动影响下巷道围岩的变形规律,验证了厚松散层特厚煤层综放开采巷道围岩变形机理和控制的效果。

6.1　巷道支护方案设计

　　由于下区段工作面辅助运输巷的掘进要超前于上区段工作面的开采,因此,辅助运输巷将受到三次动载影响。第一次为巷道掘进动载影响,掘进后实施巷道初始支护设计方案;第二次为上区段工作面开采采动影响,上区段工作面开采后,实施巷道围岩变形补强设计方案;第三次为下区段工作面开采超前影响,在此之后,辅助运输巷圆满完成巷道任务。巷道支护设计共分为两部分:第一部分为巷道初始支护方案,主要控制巷道围岩整体平移变形;第二部分为巷道(煤柱帮)补强支护设计,主要针对巷道煤柱帮变形剧烈、煤壁破碎等特点进行补强支护。

6.1.1　初始支护方案设计

　　巷道初始支护设计方案如图 6-1 所示。

　　(1)锚杆支护

　　① 辅助运输巷全断面共布置锚杆 16 根,顶板矩形布置 6 根,规格为 $\phi22$ mm×2 500 mm等强杆体左旋无纵筋螺纹钢锚杆,锚杆配合 H 形钢梁、W 钢带、钢筋网支护,排、间距 900 mm×1 000 mm。

　　② 工作面两帮按矩形布置 $\phi20$ mm×2 500 mm 的等强杆体高强度右旋无

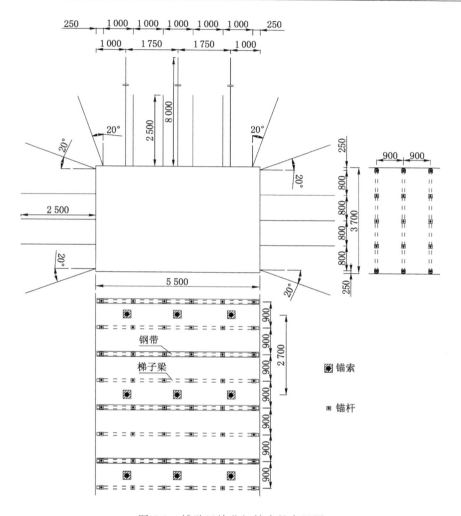

图 6-1 辅助运输巷初始支护布置图

纵筋螺纹钢锚杆,两帮各布置 5 根,排、间距 900 mm×800 mm。

③ 锚杆支护附件。

顶板选用 H 形钢梁、W 钢带配合使用钢筋点焊金属网支护。

H 形钢梁规格:采用 ϕ14 mm 圆钢加工,长度为 5 300 mm,设计如图 6-2 所示。

W 钢带规格长×宽=5 200 mm×250 mm。钢筋点焊金属网,钢筋网规格:钢筋直径为 6.5 mm,网孔规格为 100 mm×100 mm,网片尺寸为 3 000 mm×1 000 mm。

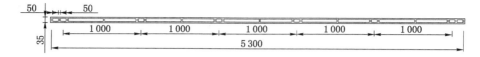

图 6-2　顶板 H 形钢梁设计示意图

正帮（实体煤帮）采用菱形铁丝网、H 形钢梁支护。铁丝采用 10# 铁丝编制，网孔规格为 45 mm×45 mm，网片尺寸为 3 300 mm×1 000 mm；H 形钢梁规格：φ14 mm 圆钢加工，长度为 1 900 mm，铺设时两根钢梁的一端均压在第三根锚杆下，设计如图 6-3 所示。

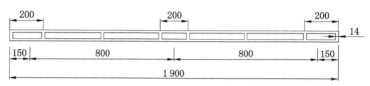

图 6-3　正帮 H 形钢梁设计示意图

副帮（煤柱帮）采用钢筋点焊金属网、H 形钢梁支护。金属网规格：钢筋直径为 6.5 mm，网孔规格为 100 mm×100 mm，帮网片尺寸为 3 300 mm×1 000 mm；H 形钢梁规格：采用 φ14 mm 圆钢加工，长度为 1 900 mm，加工图及铺设同正帮。

顶、帮锚杆托盘均采用规格为 150 mm×150 mm×10 mm 的蝶形铁托盘。

④ 锚固方式：锚杆采用加长端头锚固方式，每根顶锚杆采用 1 支规格为 CK2350 和一支 Z2350 树脂药卷锚固，每根帮锚杆采用 2 支规格为 Z2350 树脂药卷锚固。

⑤ 锚杆预紧力：确定锚杆预紧力矩为 100 N·m。顶板锚杆由锚杆机预紧，两帮采用机械或力矩扳手紧固锚杆螺母。

⑥ 为了防止煤体风化，保持煤体承载能力，在锚网支护结束后在巷道煤柱帮表面喷不小于 50 mm 厚的混凝土。

（2）锚索支护

① 锚索布置。

锚索排距为 2.7 m，即每隔两排锚杆，布置一排锚索，每排 4 根，锚索按 W 钢带眼矩形布置，并固定 W 钢带，间距为 1 000 mm；每根锚索用 1 支 CK2350 和 2 支 Z2350 树脂药卷锚固；锚索均采用专用索具和 300 mm×300 mm×14 mm 的高强钢托板固定。

② 锚索选择。

锚索采用 $\phi17.8$ mm 的预应力钢绞线锚索,长度为 8.0 m,外露长度为 200 mm。

③ 锚索张拉力。

锚索预张力不小于 120 kN;施工中备用材料不少于 2 天的用量,并在专用料场中挂牌管理,码放整齐;锚索必须按规定的排距及时打设,严禁滞后支护。

④ 倒车硐每排布置 3 根锚索,间排距 1 000 mm×2 700 mm。

6.1.2　补强支护方案设计

当上区段工作面开采过后,巷道围岩变形,针对巷道围岩变形情况,进行针对性的巷道补强支护,尤其是辅助运输巷煤柱帮的加强支护设计,为下区段工作面开采做好准备。补强主要针对辅助运输巷煤柱帮,采用注浆补强加固煤柱巷道断面,补强设计方案如图 6-4 所示。

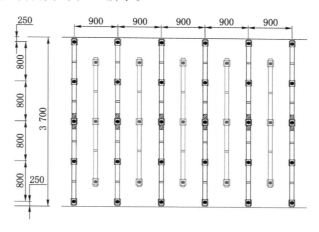

图 6-4　补强支护方案示意图

在辅助运输副帮(煤柱帮)及沿线调车硐室全断面布置注浆锚杆,之后进行喷浆,喷浆厚度为 100 mm,强度为 C20。喷浆完毕后进行注浆,待注浆完毕后上托盘紧固。

(1) 注浆锚杆

注浆锚杆采用外径 $\phi20$ mm 无缝钢管制作,钢管壁厚不小于 3 mm,注浆锚杆总长为 3 m。注浆锚杆右端端头螺纹滚丝加工,长度为 200 mm;在距注浆锚杆右端 200 mm 处焊接内径 $\phi20$ mm 的钢环,钢环直径为 4 mm,保证焊接后,仍能伸进 $\phi28$ mm 的钻孔中,注浆封孔长度为 300 mm。从注浆锚杆左端起往右端方向,每间隔 200 mm 对穿打孔,孔径为 6 mm;将注浆锚杆旋转 90°后,距注浆锚杆左端 100 mm 处为第一组孔,从注浆锚杆左端起往右端方向,仍间隔 200 mm

对穿打孔,孔径为 6 mm。待注浆锚杆浆液凝固后卸下球形阀,安装配套托盘和螺母,施加预紧力。加工示意图如图 6-5 所示。

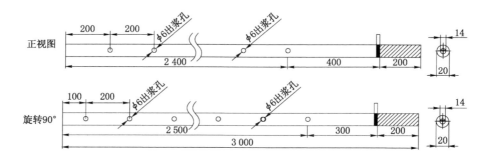

图 6-5　3 m 注浆锚杆加工示意图

（2）注浆要求

① 注浆锚杆打设完成后,用 425# 普通硅酸盐水泥封孔,封孔长度为 200 mm。

② 注浆材料使用 425# 普通硅酸盐水泥、水、40Be 水玻璃,水玻璃用量为水泥浆质量的 3%～5%,浆液水灰比为 1∶1。

③ 使用 SUB6 型煤矿用电动双液注浆泵注浆,注浆压力不小于 1.5 MPa,最大注浆压力为 3 MPa,一般单孔注浆时间为 10～20 min。

④ 注浆过程中必须派专人观察顶帮,出现漏浆情况立即停止注浆。

（3）H 形钢梁

注浆锚杆注浆完毕,待浆液凝固后,在注浆锚杆外露端依次安装 H 形钢梁、托盘和螺母,施加预紧力。

H 形钢梁选用 ϕ14 mm 圆钢加工,钢梁长 2 656 mm,长筋内侧间距 35 mm,锚杆限位孔两侧双短筋焊接,两个限位孔间增加两个短筋以提高强度。加工示意图如图 6-6 所示。

碟形钢托盘尺寸:150 mm×150 mm×10 mm。

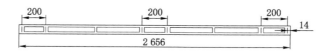

图 6-6　H 形钢梁加工示意图

6.2 巷道支护参数优化

6.2.1 巷道支护力学模型

（1）计算模型的建立

主要分析研究工作面开采过程中辅助运输巷（煤柱巷）在不同支护参数，不同锚杆、锚索预紧力水平下围岩变形及应力分布特征，模型的三维图形如图6-7所示。

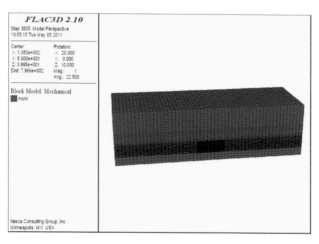

图 6-7 FLAC^{3D}三维模型图

模型长度为 275 m，其中：煤柱两侧工作面长度各为 120 m，辅助运输巷和运输巷的宽度各为 5.5 m，煤柱宽度为 25 m，煤柱左侧为上区段工作面采空区，煤柱右侧为下区段未开采工作面实体煤。

模型长度为 100 m，其中：工作面初次来压长度 40 m，工作面周期来压长度为 20 m，工作面超前影响范围为 40 m。

模型高度为 80 m，由下往上取基本底、直接底、煤层、直接顶、基本顶岩层共 80 m。

（2）围岩力学参数选取

根据现场取样和岩石力学试验结果，当载荷达到强度极限后，岩体产生破坏，在峰后塑性流动过程中，岩体残余强度随着变形发展逐步减小，因此，计算中采用摩尔-库仑屈服准则判断岩体的破坏。根据该矿煤层的地质和岩石力学试验结果，模型计算采用的岩体力学参数见表6-1。

表 6-1　　　　　　　　　煤层及顶底板岩石力学性能参数

岩性	密度 /(kg/m³)	体积模量 /GPa	剪切模量 /GPa	黏结强度 /MPa	抗拉强度 /MPa	内摩擦角 /(°)
细砂岩(基本顶)	2 467	18.67	8.48	3.08	9.84	33.60
粉岩(直接顶)	2 234	8.76	13.43	1.74	5.27	32.72
煤	1 300	2.42	1.69	1.39	0.43	25.60
泥岩(直接底)	2 234	5.76	8.48	1.74	5.27	32.72
中砂岩(基本底)	2 736	14.36	10.33	8.46	9.84	33.60

（3）边界条件

模型顶部施加上覆岩层的自重应力；模型下边界简化为位移边界条件，在 x 方向可以移动，而在 y 方向为固定铰支，即 $v=0$；模型两侧为实体煤，简化为位移边界，在 y 方向可以移动，而在 x 方向为固定铰支，即 $u=0$。

自重应力 σ_y 通过公式 $\sigma_y=\gamma H$ 计算得到，其中 γ 为上覆岩层的平均容重，取值为 25 N/m³，H 为所建立模型顶部距地表的深度，不连沟矿煤层一盘区平均埋深 234.8 m，代入数据可得 σ_y 约为 5.87 MPa。

6.2.2 支护参数对比优化

本节主要研究不同支护参数条件下综放工作面辅助运输巷围岩变形及应力分布规律，如图 6-8 所示。

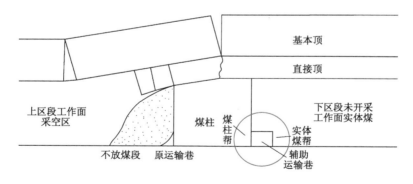

图 6-8　分析巷道示意图

方案一为对比方案，方案二为计算设计方案，分别计算两种方案在上区段工作面回采过后，辅助运输巷围岩变形及应力状态。为方便分析，设定此模型中，左帮为煤柱帮，右帮为实体煤帮，模拟方案见表 6-2。

表 6-2　　　　　　　　　　　　　　支护方案　　　　　　　　　　　　　单位:mm

方案名称	位置	锚杆	锚索	锚杆间排距	锚索间排距	锚杆材料
方案一	煤柱帮	$\phi 20 \times 2\,400$	$\phi 17.8 \times 8\,000$	$1\,000 \times 900$	$1\,750 \times 3\,000$	等强螺纹钢
	实体煤帮	$\phi 20 \times 2\,400$		$1\,000 \times 1\,000$		等强螺纹钢
	顶板	$\phi 20 \times 2\,400$		$1\,000 \times 1\,000$		高强螺纹钢
方案二	煤柱帮	$\phi 20 \times 2\,500$	$\phi 17.8 \times 8\,000$	800×900	$1\,750 \times 2\,700$	等强螺纹钢
	实体煤帮	$\phi 20 \times 2\,500$		800×900		等强螺纹钢
	顶板	$\phi 22 \times 2\,500$		$1\,000 \times 900$		高强螺纹钢

6.2.3　巷道围岩位移云图分析

（1）方案一巷道围岩位移云图（图 6-9）

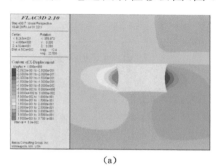 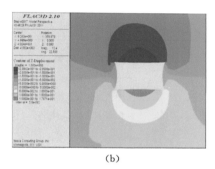

（a）　　　　　　　　　　　　　　　　　　　　（b）

图 6-9　方案一支护条件下巷道围岩变形云图
（a）辅助运输巷两帮水平位移；（b）辅助运输巷顶底板垂直位移

从图 6-9 可以看出，巷道两帮相对变形量较大，煤柱帮变形要大于实体煤帮变形，巷道顶底板变形要比两帮变形小，而顶板沉降量要大于底鼓量。

图 6-10 为方案支护条件下巷道围岩变形曲线图。从图 6-10 可以得到，煤柱帮最大位移为 352 mm，距巷道底板高度为 1.7 m，实体煤帮最大位移为 250 mm，距巷道底板高度为 1.6 m，两帮最大相对移近量为 602 mm；顶板最大沉降量为 233 mm，距巷道煤柱帮距离为 2.5 m，底板最大底鼓位移为 175 mm，距巷道煤柱帮距离为 3 m，顶底最大相对移近量为 408 mm。

（2）方案二巷道围岩位移云图（图 6-11）

从图 6-11 可以看出，巷道两帮相对变形量较大，煤柱帮变形要大于实体煤帮变形，巷道顶底板变形要比两帮变形小，而顶板沉降量要大于底鼓量。方案二与方案一支护条件下相比，巷道围岩变形明显减小。

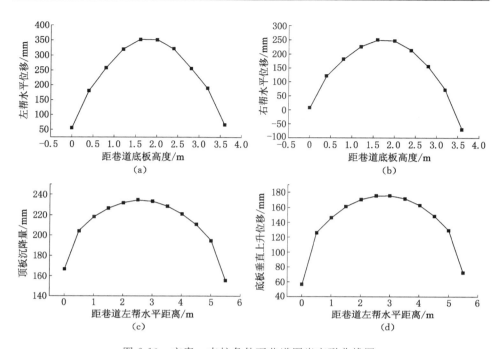

图 6-10　方案一支护条件下巷道围岩变形曲线图
（a）煤柱帮水平位移；（b）实体煤帮水平位移；（c）顶板垂直位移；（d）底板垂直位移

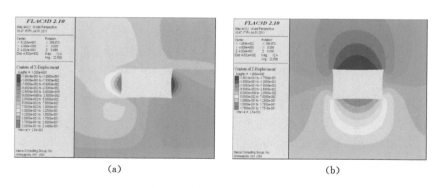

图 6-11　方案二支护条件下巷道围岩变形云图
（a）巷道围岩水平位移；（b）巷道围岩垂直位移

图 6-12 为方案二支护条件下辅助运输巷围岩变形曲线图。从图 6-12 可以得到，煤柱帮最大位移为 204 mm，比方案一支护条件下减小了 42.0%，距巷道底板高度为 1.7 m；实体煤帮最大位移为 104 mm，比方案一支护条件下减小了 58.4%，距巷道底板高度为 1.6 m；两帮最大相对移近量为 308 mm，比方案一支

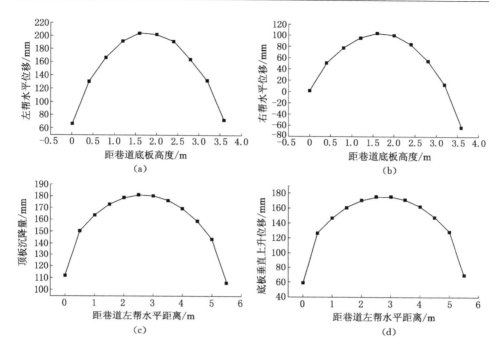

图 6-12　方案二支护条件下辅助运输巷围岩变形曲线图

(a) 巷道煤柱帮水平位移;(b) 巷道实体煤帮水平位移;

(c) 巷道顶板垂直位移;(d) 巷道底板垂直位移

护条件下减小了 48.8%;顶板最大沉降量为 180 mm,比方案一支护条件下减小了 22.7%,距巷道煤柱帮距离为 2.5m;底板最大底鼓位移为 165 mm,比方案一支护条件下减小了 5.7%,距巷道煤柱帮距离为 3 m;顶底最大移近量为 245 mm,比方案一支护条件下减小了 15.4%。

6.2.4　巷道围岩应力云图分析

(1) 方案一巷道围岩应力云图(图 6-13)

从图 6-13 可以看出,巷道围岩应力不大,平均水平应力约为 3 MPa,巷道两帮煤柱内存在垂直应力高应力区,距巷道帮的距离约为 2 m,大小约为 9.6 MPa。

(2) 方案二巷道围岩应力云图(图 6-14)

从图 6-14 可以看出,巷道围岩平均水平应力约为 3 MPa,巷道两帮煤柱内存在垂直应力高应力区,距巷道帮的距离为 2 m 左右,大小约为 9.6 MPa。与方案一支护条件下相比,高应力区范围增大,说明煤柱支承能力提高,围岩变形减小。

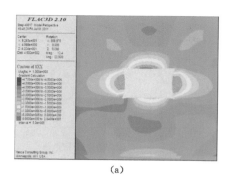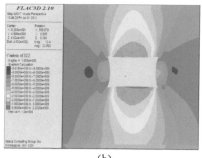

（a）   （b）

图 6-13   方案一支护条件下巷道围岩应力分布云图

（a）水平应力云图；（b）垂直应力云图

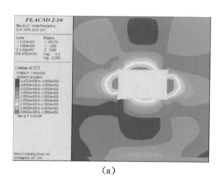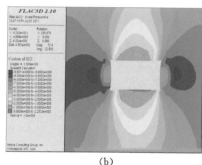

（a）   （b）

图 6-14   方案二支护条件下巷道围岩应力分布云图

（a）巷道围岩水平应力；（b）巷道围岩垂直应力

6.3 巷道围岩控制实践

为研究 F6104 辅助运输巷受上区段工作面采动影响的巷道围岩变形规律，对 F6104 辅助运输巷进行实时监测分析。为此，在 F6104 辅助运输巷布置 5 个测站进行观测，掌握 F6104 辅助运输巷的变形、破坏规律。

6.3.1 巷道围岩变形监测方案

（1）测站布置

在距 F6104 工作面主回撤通道 180～300 m 范围内，每隔 30 m 布置一个观测站，共设立 5 个矿压观测站，分别位于 180 m、210 m、240 m、270 m、300 m 处，各个测站间隔 30 m，具体布置位置如图 6-15 所示。

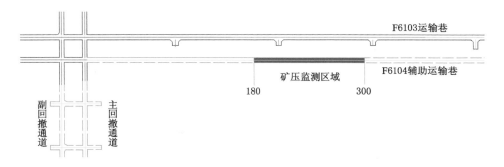

图 6-15　F6104 工作面辅助运输巷测站布置图

（2）监测内容

每一个矿压观测站设有：

① 巷道围岩表面移近量观测站；

② 两帮和顶板深部位移观测站；

③ 顶板离层观测面，其观测孔深距离分别为 7.0 m、2.0 m；

④ 锚杆（锚索）托锚力观测面。

（3）监测仪器安置

矿压观测照片如图 6-16 所示。

图 6-16　矿压观测照片

6.3.2　巷道表面位移监测

巷道表面位移反映巷道表面位移的大小及巷道断面缩小程度，可以判断围岩的变形是否超过其安全最大允许值，是否影响巷道的正常使用。巷道表面位移监测数据如图 6-17、图 6-18 所示。

从图 6-17 可以看出，巷道顶底板最大相对位移量为：1 号测站 126 mm，2 号测站 119 mm,3 号测站 109 mm,4 号测站 102 mm,5 号测站 84 mm。

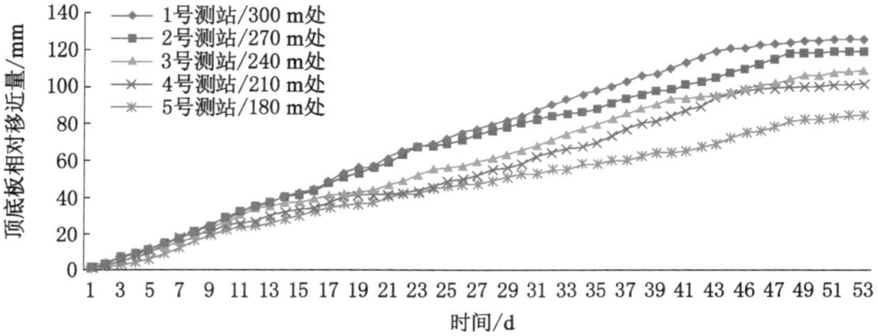

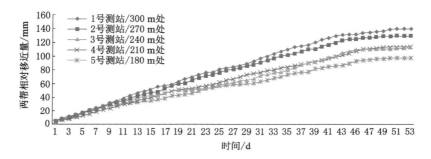

图 6-17　巷道顶底板相对位移量

图 6-18　巷道两帮相对位移量

从图 6-18 可以看出,巷道两帮总的相对位移量为:1 号测站 140 mm,2 号测站 130 mm,3 号测站 113 mm,4 号测站 114 mm,5 号测站 97 mm。

以上监测数据表明:

① 对原 5 个巷道表面位移测站所有实测数据综合分析得出:巷道顶底板最大相对移近量为 126 mm,两帮最大相对移近量为 140 mm,从实测数据可以看出在 F6103 工作面采动影响下 F6104 辅助运输巷变形较小。1 号、2 号、3 号测站受采空区的后续变形及基本顶垮落影响;4 号、5 号测站受工作面超前压力影响。从监测数据可以看出在工作面前方与采空区巷道变形规律相似。

② 支护参数条件下巷道围岩在受一次采动影响时变形量相对较小,保证了下一工作面推进时对该巷道的使用要求,基本上不用对巷道进行二次维修,节省了大量的维修费用和雇工费用。

6.3.3　巷道围岩变形控制效果

图 6-19 为巷道围岩支护效果图。由图 6-19 可以看出,巷道围岩变形得到

有效控制,巷道经过上区段工作面采动影响后仍能保持巷道的完整与稳定性,保证下区段工作面的正常使用。

图 6-19　巷道围岩支护效果图

6.4　小结

设计了厚松散层特厚煤层综放开采巷道围岩支护方案,利用 FLAC³ᴰ对巷道变形进行了对比分析,确定了最优支护参数。通过现场工业性试验和实测,得到采动影响下巷道围岩的变形规律,验证了厚松散层特厚煤层综放开采巷道围岩变形机理和控制技术的效果。结果表明:巷道围岩受上区段工作面采动影响时变形量相对较小,保证了下区段工作面开采时对该巷道的使用要求,基本上不用对巷道二次维修,节省了大量的维修费用和雇工费用,支护效果显著。

7 结 论

厚松散层、特厚煤层、大采高、大采放比等复杂条件下，综放开采巷道围岩变形机理及控制已成为当前西部煤炭资源开采研究的热点问题之一。本书以厚松散层特厚煤层大采高综放巷道为研究对象，综合物理力学试验、理论分析、相似材料试验、数值计算、现场工业性试验等手段和方法，系统研究了巷道围岩变形机理，得到了巷道围岩的力学分析模型以及位移、应力、能量等参量的变化规律，最后结合现场应用验证了巷道围岩变形控制效果。通过以上分析研究，得出以下主要结论：

（1）对煤（岩）进行了实验室物理力学特性试验研究，分析了煤（岩）样变形破坏特征，得到了煤（岩）样密度、抗压强度、抗拉强度、弹性模量、泊松比等物理力学参数；给出了载荷-位移和应力-应变曲线；验证了注浆后煤（岩）抗压强度的增强效果。

（2）基于采动岩体结构运动的关键层理论、基本顶及关键层的断裂规律、S-R稳定性原理，分析了综放巷道围岩上覆岩体结构与采场上覆岩体结构在方向、结构、受力、特征等方面的异同点，提出了基于全空间的综放开采巷道围岩"内、外结构"概念，建立了基本顶及上覆岩体的结构力学模型，确定了上覆岩体的结构参数及关键块体下沉量的计算公式。

（3）根据巷道围岩关键块体的结构变化特征，构建了上覆岩体铰接和切落结构模型，深入研究了上覆岩体的变形破断及运动规律，给出了巷道围岩关键块体的失稳判据。

易发生滑落失稳的判据：$h + h_1 \geqslant \dfrac{[2i + \sin\theta_1(\cos\theta_1 - 2)](i - \sin\theta_1)\sigma_c^*}{5\rho g(4i\sin\theta_1 + 2\cos\theta_1)}$。

易发生回转失稳的判据：$i \geqslant \dfrac{2\cos\theta_1 + 3\sin\theta_1}{4(1 - \sin\theta_1)}$。

易发生切落失稳的判据：$i \geqslant 0.5 + 2\sin\theta_{1\max} - \sin\theta_1$。

（4）借助弹性力学修正了基于极限平衡理论的煤体边缘力学平衡方程，建立了巷道侧煤柱边缘煤体和采空区侧煤柱边缘煤体的力学模型，得到了煤体边缘应力分布和塑性区宽度与煤层开采高度 m、煤层厚度 M、煤体与顶板间的黏

聚力 c_0、内摩擦角 φ_0、煤体的极限强度 σ_{y_p} 等的变化规律,推导出了煤柱边缘塑性区内应力及塑性区宽度的关系式和区段煤柱合理宽度 B 的计算公式。

① 巷道侧煤柱边缘塑性区和应力关系式: $x_p = \dfrac{m\beta}{2\tan\varphi_0}\ln\left[\dfrac{\sigma_{y_p} + \dfrac{c_0}{\tan\varphi_0}}{\dfrac{c_0}{\tan\varphi_0} + \dfrac{P_t}{\beta}}\right]$。

② 采空区侧煤柱边缘塑性区和应力关系式:

a. 无支护条件下, $x_s = \dfrac{M\beta}{2\tan\varphi_0}\ln\left[\dfrac{\sigma_{y_s}\tan\varphi_0}{c_0} + 1\right]$;

b. 有支护条件下, $x_s = \dfrac{M\beta}{2\tan\varphi_0}\ln\left[\dfrac{2\beta(\sigma_{y_s}\tan\varphi_0 + c_0)}{2\beta c_0 + \gamma M^2 \tan\varphi_0(1-\sin\varphi_0)}\right]$。

③ 区段煤柱合理宽度: $B = \dfrac{7kM\beta}{10\tan\varphi_0}\ln\left[\dfrac{\beta(\sigma_{y_p}\tan\varphi_0 + c_0)(\sigma_{y_s}\tan\varphi_0 + c_0)}{c_0(c_0\beta + P_t\tan\varphi_0)}\right]$。

（5）建立了"内、外结构"悬臂梁模型,得到了不放煤段长度、煤层厚度、煤柱宽度等多因素耦合情况下的弯矩组合方程,并运用能量法,给出了结构破坏的能量判据,得到了顶板切落情况下的动载因数 K_d 和冲击载荷 F_d 的计算公式。

$$F_d = K_d P = P\left[1 + \sqrt{1 + \dfrac{(2h + L_1)Eld_2}{PL_2}}\right]$$

（6）构建了特厚煤层综放开采相似材料试验模型,并基于正交组合试验分析方法设计试验方案,全程采用数字摄影测量技术和数字高速应变采集系统,分析了位移及应力的分布规律,研究了覆岩破断结构及巷道围岩结构的稳定性。

① 对比分析单一关键层和复合关键层模型,发现单一关键层和复合关键层覆岩在岩体离层、裂隙发育及延展性、地表沉陷及时间效应等方面都表现出明显的差异;顶板及上覆岩体的变形量随厚度增加逐步增大;通过对关键结构块体的分析,得到了冒落角、位移和应力随推进距离变化的回归方程。

② 对比分析巷道围岩结构模型,发现采空区侧端头顶板易形成"倒台阶组合悬臂梁"结构;顶板及上覆岩体破坏形式受煤层厚度影响显著;印证了采放比1∶3的适用范围,当煤层厚度较大时,采放比1∶3已不能满足特厚煤层的要求;得到了煤柱宽度对顶板断裂线的位置的影响规律和巷道围岩应力随煤柱宽度变化的回归方程。

（7）采用离散元数值计算方法建立了覆岩对比分析模型,得到了覆岩下沉系数随煤层厚度的变化规律。结果表明:覆岩下沉系数随煤层厚度增加而增加,单一关键层和复合关键层覆岩下沉系数均值分别为 0.866 和 0.8419;单一关键层覆岩整体表现为台阶式切落下沉,切落块度变化区间为 9～25 m;复合关键层覆岩则表现为弯曲下沉,斜率随煤层厚度增加呈线性增加。

（8）分析了煤柱宽度、不放煤段长度、煤层厚度等不同组合条件下巷道围岩变形特征，验证了端头不放煤段的悬臂梁结构，计算结果发现：巷道围岩变形量随煤层厚度增加表现为逐渐增加的高次波动曲线，右帮的变形量约为顶、底板和左帮三者变形量之和；通过分析巷道围岩变形特征，得知巷道变形控制的重点部位为巷道左帮顶角、右帮底角和底板中部；通过参数优化比较，得到最优的端头不放煤段长度为 7 m，合理的区段煤柱宽度为 25～30 m，顶板超前应力峰值距顶板拉伸破断位置约为 17.5 m。

（9）通过对煤柱、顶煤、基本顶三个层位的应力进行分析，得到煤柱应力峰值的位置和大小受煤柱宽度、煤层厚度和不放煤段长度的影响规律，结果表明：应力峰值受煤柱宽度的影响最为明显。当煤柱宽度为 10 m 时，煤柱应力峰值达到 19.2 MPa，巷道被压垮闭合；当煤柱宽度为 20 m 时，煤柱应力峰值达到 21.6 MPa，位于煤柱中线，煤柱两帮塑性变形；当煤柱为 25～40 m 时，煤柱应力峰值在 16.9 MPa 上下波动。

（10）设计了厚松散层特厚煤层综放开采巷道围岩支护方案，利用 FLAC^{3D} 对巷道围岩变形特征进行了对比分析，确定了最优支护参数。通过现场工业性试验和实测，得到采动影响下巷道围岩的变形规律，验证了厚松散层特厚煤层综放开采巷道围岩变形机理和控制的效果，很好地满足了下区段工作面开采时对试验巷道的使用要求。

参 考 文 献

[1] 来存良,席京德,李佃平,等.厚煤层高产高效开采实用技术[M].北京:煤炭工业出版社,2001.

[2] 李中伟,孙茂远,李绍亮,等.放顶煤开采技术与实践经验[M].北京:煤炭工业出版社,1996.

[3] 陈炎光,陆士良.中国煤矿巷道围岩控制[M].徐州:中国矿业大学出版社,1994.

[4] PARAMASIVAM V,SING YEE T,DHILLON S K,et al. A methodological review of data mining techniques in predictive medicine:an application in hemodynamic prediction for abdominal aortic aneurysm disease[J]. Biocybernetics and biomedical engineering,2014(34):139-145.

[5] ASSOUS F,CHASKALOVIC J. Indeterminate constants in numerical approximations of PDEs:a pilot study using data mining techniques[J]. Journal of computational and applied mathematics,2014,11(270):462-470.

[6] LOSEU V,WU J,JAFARI R. Mining techniques for body sensor network data repository,in wearable sensors[M]. Oxford:Academic Press,2014.

[7] LI G,LAW R,QUAN VU H,et al. Identifying emerging hotel preferences using Emerging Pattern Mining technique[J]. Tourism management,2015 (46):311-321.

[8] CHALARIS M,GRITZALIS S,MARAGOUDAKIS M,et al. Improving quality of educational processes providing new knowledge using data mining techniques[J]. Procedia-social and behavioral sciences,2014(147): 390-397.

[9] YANG W F,XIA X H. Prediction of mining subsidence under thin bedrocks and thick unconsolidated layers based on field measurement and artificial neural networks[J]. Computers and geosciences,2013(52):199-203.

[10] LIU Q M,MAO D B. Research on adaptability of full-mechanized caving mining with large mining-height[J]. Procedia engineering,2011(26):652-658.

[11] LIU C Y,HUANG B X,WU F F. Technical parameters of drawing and coal-gangue field movements of a fully mechanized large mining height top coal caving working face[J]. Mining science and technology (China),2009 (19):549-555.

[12] YUAN Y,TU S H,ZHANG X G,et al. System dynamics model of the support-surrounding rock system in fully mechanized mining with large mining height face and its application[J]. International journal of mining science and technology,2013(23):879-884.

[13] YU L,YAN S H,YU H Y,et al. Studying of dynamic bear characteristics and adaptability of support in top coal caving with great mining height [J]. Procedia engineering,2011(26):640-646.

[14] 王家臣,仲淑.我国厚煤层开采技术现状及需要解决的关键问题[J].中国科技论文在线,2008(11):829-834.

[15] 王金华.中国高效井工开采技术现状与发展[C]//中国煤炭工业协会.全国煤炭工业建设高产高效矿井经济交流暨 2001 年度命名表彰大会.成都:[出版者不详],2002:1-28.

[16] 王家臣.厚煤层开采理论与技术[M].北京:冶金工业出版社,2009.

[17] 刘涛,顾莹莹,赵由才.能源利用与环境保护——能源结构的思考[M].北京:冶金工业出版社,2011.

[18] YAN H,HU B,XU T F. Study on the supporting and repairing technologies for difficult roadways with large deformation in coal mines [J]. Energy procedia,2012(14):1653-1658.

[19] 李强.大平矿水库下特厚煤层综放安全开采理论与测控技术研究[D].阜新:辽宁工程技术大学,2013.

[20] 崔凯.大采高小煤柱回采巷道围岩控制技术研究[D].太原:太原理工大学,2013.

[21] 刘倡清.综放变宽度煤柱回采巷道围岩变形规律及其控制技术[D].西安:西安科技大学,2011.

[22] 王琳.基本顶破断结构对窄煤柱稳定性影响分析及控制技术[D].西安:西安科技大学,2012.

[23] 赵庆涛.三软煤层沿空掘巷围岩控制技术研究[D].焦作:河南理工大学,2011.

[24] 冯吉成,马念杰,赵志强,等.深井大采高工作面沿空掘巷窄煤柱宽度研究[J].采矿与安全工程学报,2014,31(4):580-586.

[25] 景康飞,张召千,仝峰,等.大跨度破碎煤层巷道围岩控制及支护技术[J].金属矿山,2014(10):42-45.

[26] LI Q F,ZHU Q Q. Control technology and coordination deformation mechanism of rise entry group with high ground stress[J]. International journal of mining science and technology,2012(22):429-435.

[27] XIA T Q,ZHOU F B,LIU J S,et al. A fully coupled coal deformation and compositional flow model for the control of the pre-mining coal seam gas extraction [J]. International journal of rock mechanics and mining sciences,2014(72):138-148.

[28] BIAN Z F,MIAO X X,LEI S G,et al. The challenges of reusing mining and mineral-processing wastes[J]. Science,2012(337):702-703.

[29] 何满潮,袁和生,靖洪文,等.中国煤矿锚杆支护理论与实践[M].北京:科学出版社,2004.

[30] 中国煤炭工业协会.《煤炭科技"十二五"规划》(征求意见稿)[EB/OL]. (2010-09-28)[2013-01-20]. http://www. coalchina. org. cn/pageout/zcfg. htm.

[31] LOUI J P,JHANWAR J C,SHEOREY P R. Assessment of roadway support adequacy in some Indian manganese mines using theoretical in situ stress estimates[J]. International journal of rock mechanics and mining sciences,2007(44):148-155.

[32] NAZIMKO V V,PENG S S,LAPTEEV A A,et al. Damage mechanics around a tunnel due to incremental ground pressure[J]. International journal of rock mechanics and mining sciences,1997,34(3-4):222(e1-e14).

[33] LI X H. Deformation mechanism of surrounding rocks and key control technology for a roadway driven along goaf in fully mechanized top-coal caving face[J]. Journal of coal science and engineering (China),2003(1): 28-32.

[34] HEBBLEWHITE B K,LU T. Geomechanical behaviour of laminated, weak coal mine roof strata and the implications for a ground reinforcement strategy[J]. International journal of rock mechanics and mining sciences,2004(41):147-157.

[35] HOU C J. Review of roadway control in soft surrounding rock under dynamic pressure[J]. Journal of coal science and engineering (China),

2003(1):1-7.

[36] NAZIMKO V V,LAPTEEV A A,SAZHNEV V P. Rock mass self-supporting effect utilization for enhancement stability of a tunnel[J]. International journal of rock mechanics and mining sciences,1997,34(3-4):223(e1-e11).

[37] BAI J B. Stability analysis for main roof of roadway driving along next goaf[J]. Journal of coal science and engineering (China),2003(1):22-27.

[38] WANG W J,HOU C J. Study of mechanical principle of floor heave of roadway driving along next goaf in fully mechanized sub-level caving face [J]. Journal of coal science and engineering (China),2001(1):13-17.

[39] QU Q D. Study on distressing technology for a roadway driven along goaf in a fully mechanized top-coal caving face[J]. Journal of coal science and engineering (China),2003(1):33-37.

[40] GUO Y G,BAI J B,HOU C J. Study on the main parameters of sidepacking in the roadways maintained along gob-edge[J]. Journal of China University of Mining and Technology,1994(1):1-14.

[41] ZOU X Z,HOU C J,LI H X. The classification of the surroundings of coal mining roadways[J]. Journal of coal science and engineering (China),1996(2):55-57.

[42] 贾喜荣,翟英达,杨双锁. 放顶煤工作面顶板岩层结构及顶板来压计算[J]. 煤炭学报,1998(4):366-370.

[43] 杨淑华,姜福兴. 综采放顶煤支架受力与顶板结构的关系探讨[J]. 岩石力学与工程学报,1999,18(3):287-290.

[44] 姜福兴. 采场顶板控制设计及其专家系统[M]. 徐州:中国矿业大学出版社,1995.

[45] 柏建彪. 综放沿空掘巷围岩稳定性原理及控制技术研究[D]. 徐州:中国矿业大学,2002.

[46] TERZAGHI K. Theoretical soil mechanics[M]. New York:John Wiley and Sons,1943.

[47] TERZAGHI K,PECK R B,MESRI G. Soil mechanics in engineering practice[M]. New York:John Wiley and Sons,1969.

[48] TERZAGHI K. Record earth pressure testing machine[J]. Engineering news record,1932(109):365-369.

[49] TERZAGHI K. Large retaining-wall tests. I-pressure of dry sand[J].

Engineering news record,1934(112):136-140.

[50] 吴健.我国综放开采技术 15 年回顾[J].中国煤炭,1999(1):9-16.

[51] 任秉钢,严金满,尤家炽,等.我国综放开采 15 年[J].煤矿机电,2000(5):10-13.

[52] 宁宇.我国综放开采技术进步的回顾及有待解决的技术难题[C]//中国煤炭学会.中国科协 2004 年学术年会第 16 分会场论文集.北京:[出版者不详],2004.

[53] YUAN Y,TU S H,WU Q,et al. Mechanics of rib spalling of high coal walls under fully-mechanized mining[J]. Mining science and technology (China),2011(21):129-133.

[54] ZHANG Y,LI C Y,SI Y L,et al. Influence of refuse content on economic benefits for fully mechanized top coal caving [J]. Procedia engineering, 2011(26):2391-2399.

[55] ALEHOSSEIN H,POULSEN B A. Stress analysis of longwall top coal caving[J]. International journal of rock mechanics and mining sciences, 2010(47):30-41.

[56] KHANAL M,ADHIKARY D,BALUSU R. Evaluation of mine scale longwall top coal caving parameters using continuum analysis[J]. Mining science and technology (China),2011(21):787-796.

[57] HUANG B X,LI H T,LIU C Y,et al. Rational cutting height for large cutting height fully mechanized top-coal caving[J]. Mining science and technology (China),2011(21):457-462.

[58] TU S H,YUAN Y,YANG Z,et al. Research situation and prospect of fully mechanized mining technology in thick coal seams in China[J]. Procedia earth and planetary science,2009(1):35-40.

[59] XIE G X,CHANG J C,YANG K. Investigations into stress shell characteristics of surrounding rock in fully mechanized top-coal caving face[J]. International journal of rock mechanics and mining sciences,2009 (46):172-181.

[60] 赵衡山.我国综放开采技术的主要发展趋向[C]//中国煤炭学会.中国科协 2004 年学术年会第 16 分会场论文集.北京:[出版者不详],2004.

[61] 王家臣.我国综放开采技术及其深层次发展问题的探讨[J].煤炭科学技术,2005,33(1):14-17.

[62] 尚海涛,吴健.论综放开采技术在我国发展的必然性[J].中国煤炭,1997,

23(4):2-8.

[63] 孙洪星.对我国综放开采技术发展的思考与展望[J].煤矿开采,2012(5):1-3.

[64] 王金华.特厚煤层大采高综放开采关键技术[J].煤炭学报,2013,38(12):2089-2098.

[65] 张金福,谷孟平.矿井深部综采放顶煤工作面防动压技术研究[J].华北科技学院学报,2013(3):33-38.

[66] 邹熹正.对压力拱假说的新解释[J].矿山压力,1989(1):67-68.

[67] 蔺海山,张国华,蒲文龙.大采高矿压显现规律与围岩控制技术研究[J].山东煤炭科技,2009(2):135-137.

[68] ZHAO G Z,MA Z G,ZHU Q H,et al. Roadway deformation during riding mining in soft rock[J]. International journal of mining science and technology,2012,22(4):539-544.

[69] 梁冰,单龙辉,李刚,等.大安山矿倾斜近距离煤层群上行开采可行性研究[J].科技导报,2012,30(33):45-49.

[70] 邹玉龙,齐世峰,仲俊杰.龙口矿区"三软"地层矿山压力显现与控制[J].山东煤炭科技,2010(6):210-211.

[71] 宋建国.大采高综采面矿压显现规律研究[J].矿山压力与顶板管理,2005,22(2):19-22.

[72] MA Z G,WANG P,ZHAO G X,et al. Test study on the changing of the porosity for water-saturated granular shale during its creep[C]//American Rock Mechanics Association. 44th US rock mechanics symposium-5th US/Canada rock mechanics symposium.[S. l. ;s. n.],2010.

[73] 岳勇.矿压理论在矿井边角块段采掘过程的应用[J].中小企业管理与科技,2011(28):124-125.

[74] 武建国.大采高综采工作面与巷道围岩控制技术研究[D].太原:太原理工大学,2004.

[75] 王卫军,侯朝炯.急倾斜煤层放顶煤顶煤破碎与放煤巷道变形机理分析[J].岩土工程学报,2001,23(5):623-626.

[76] 李国义,邹春禄.放顶煤工作面顶煤破碎机理及放煤高度的确定[J].江西煤炭科技,2009(2):81,99.

[77] 张宪德,田家友,康岱昌.放顶煤工作面顶煤破碎机理及放煤高度的确定[J].煤炭技术,2006,25(8):61-62.

[78] 赵俊楼,蔡振宇,刘新河,等.放顶煤工作面顶煤破碎机理研究[J].河北煤

炭,2004(3):6-8.

[79] 张吉春,潘传连,许东来,等.分层炮采面顶板(顶煤)破碎机理与移动规律
[J].山东科技大学学报(自然科学版),2000,19(2):101-103.

[80] 赵伏军,李夕兵,胡柳青.巷道放顶煤法的顶煤破碎机理研究[J].岩石力学
与工程学报,2002,21(增刊2):2309-2313.

[81] 刘跃俊,刘长友,王美柱,等.坚硬厚煤层综放采场顶煤破裂特征的实测分
析[J].煤炭科学技术,2010,38(5):20-23.

[82] 高明中.FLAC在放顶煤开采顶煤变形与移动特征研究中的应用[J].湘潭
矿业学院学报,2003,18(2):9-12.

[83] 龚声武,陈才贤.急倾斜煤层放顶煤开采顶煤破碎的Griffith理论分析[J].
湖南科技大学学报(自然科学版),2007,22(2):9-12.

[84] 王卫军,李学华,贺德安.巷道放顶煤顶煤破碎机理研究[J].采矿与安全工
程学报,2000,17(1):66-68.

[85] 王卫军,熊仁钦.瓦斯压力对急倾斜煤层放顶煤的作用机理分析[J].煤炭
学报,2000,25(3):248-251.

[86] 王向伦,邹友平.综放开采顶煤变形及破断规律的分析研究[J].煤矿开采,
2004,9(3):63-64.

[87] 刘建平.综放开采坚硬顶煤预先爆破的弱化作用机理研究[D].西安:西安
科技大学,2007.

[88] 吴健,张勇.综放采场支架-围岩关系的新概念[J].煤炭学报,2001,26(4):
350-355.

[89] 陈文全,李纯宝.放顶煤采场顶板结构形式及支架围岩关系[J].煤,2009,
18(1):46-48.

[90] 赵晨光,谢文兵,郑百生,等.巷道支架围岩关系的颗粒流数值分析[J].采
矿与安全工程学报,2007,24(3):374-378.

[91] 常莹,邴秋颖,冯俊超.浅谈放顶煤工作面支架与围岩关系[J].大观周刊,
2011(47):27.

[92] 侯忠杰,吴文湘,肖民.厚土层薄基岩浅埋煤层"支架-围岩"关系实验研究
[J].湖南科技大学学报(自然科学版),2007,22(1):9-12.

[93] 弓培林.大采高采场围岩控制理论及应用研究[D].太原:太原理工大
学,2006.

[94] 张子敏,张玉贵.三级瓦斯地质图与瓦斯治理[J].煤炭学报,2005,30(4):
455-458.

[95] 程远平,俞启香,周红星,等.煤矿瓦斯治理"先抽后采"的实践与作用[J].

采矿与安全工程学报,2006,23(4):389-392.

[96] 程远平,俞启香.中国煤矿区域性瓦斯治理技术的发展[J].采矿与安全工程学报,2007,24(4):383-390.

[97] 周为军,连昌宝.强突出煤层瓦斯治理方案优化与工程实践尝试[J].煤矿安全,2008,39(12):85-87.

[98] 赵国贞,马占国,龚鹏,等.表土层厚度对地面瓦斯钻孔稳定性影响研究[J].中国煤炭,2013,39(10):35-40.

[99] 袁亮.松软低透煤层分源瓦斯治理及瓦斯综合利用[C]//国家安全生产监督管理总局.第四届国际煤层气论坛会议论文集.北京:[出版者不详],2004.

[100] 王义江,杨胜强,许家林,等.大采长综放面瓦斯治理优化模拟实验[J].采矿与安全工程学报,2007,24(2):178-181.

[101] 周图文.矿井瓦斯治理钻探效率影响因素分析[J].煤矿安全,2012,43(9):159-161.

[102] DÍAZ A,MARÍA B,GONZÁLEZ N. Control and prevention of gas outbursts in coal mines,Riosa-Olloniego coalfield,Spain[J]. International journal of coal geology,2007(69):253-266.

[103] ZHOU H X,YANG Q L,CHENG Y P,et al. Methane drainage and utilization in coal mines with strong coal and gas outburst dangers:A case study in Luling mine,China[J]. Journal of natural gas science and engineering,2014(20):357-365.

[104] WANG F T,REN T,TU S H,et al. Implementation of underground longhole directional drilling technology for greenhouse gas mitigation in Chinese coal mines[J]. International journal of greenhouse gas control,2012(11):290-303.

[105] AZIZ N,BLACK D,REN T. Keynote paper Mine gas drainage and outburst control in Australian underground coal mines[J]. Procedia engineering,2011(26):84-92.

[106] WANG H F,CHENG Y P,WANG L. Regional gas drainage techniques in Chinese coal mines[J]. International journal of mining science and technology,2012(22):873-878.

[107] NIAN Q F,SHI S L,LI R Q. Research and application of safety assessment method of gas explosion accident in coal mine based on GRA-ANP-FCE[J]. Procedia engineering,2012(45):106-111.

[108] ÖZGEN KARACAN C,RUIZ F A,COTÈ M,et al. Coal mine methane: A review of capture and utilization practices with benefits to mining safety and to greenhouse gas reduction[J]. International journal of coal geology,2011(86):121-156.

[109] XIA T Q,ZHOU F B,WANG X X,et al. Safety evaluation of combustion-prone longwall mining gobs induced by gas extraction:a simulation study[J]. Process safety and environmental protection,2017(109):677-687.

[110] KONG S L,CHENG Y P,REN T,et al. A sequential approach to control gas for the extraction of multi-gassy coal seams from traditional gas well drainage to mining-induced stress relief[J]. Applied energy,2014(131):67-78.

[111] YAN J W,WANG W,TAN Z H. Distribution characteristics of gas outburst coal body in Pingdingshan Tenth Coal Mine[J]. Procedia engineering,2012(45):329-333.

[112] 赵国贞,马占国,马继刚,等. 复杂条件下小煤柱动压巷道变形控制研究[J]. 中国煤炭,2011,37(3):52-56.

[113] 2002'采矿科学与安全技术国际学术会议[J]. 煤炭学报,2001,26(2):148.

[114] 李奎. 水平层状隧道围岩压力拱理论研究[D]. 成都:西南交通大学,2010.

[115] EURING A J. Rock mechanics design for rock bolting in British coal mines[C]//IOC. Proceedings of 16th world mining congress. [S. l.:s. n.],1994.

[116] 缪协兴,钱鸣高. 采动岩体的关键层理论研究新进展[J]. 中国矿业大学学报,2000,29(1):25-29.

[117] 许家林,钱鸣高. 岩层控制关键层理论的应用研究与实践[J]. 中国矿业,2001(6):56-58.

[118] 钱鸣高,缪协兴,许家林. 岩层控制中的关键层理论研究[J]. 煤炭学报,1996(3):2-7.

[119] ZHAO G Z,MA Z G,SUN K,et al. Research on deformation controlling mechanism of the narrow pillar of roadway driving along next goaf[J]. Journal of mining and safety engineering,2010,27(4):517-521.

[120] ZHAO G Z,MA Z G,ZHANG R C,et al. Optimization of supporting plans for the quick-return tunnel in an extremely thick and fracture developing coal

seam[J]. The electronic journal of geotechnical engineering, 2014 (19): 175-184.

[121] FENG X J, WANG E Y, SHEN R X, et al. The dynamic impact of rock burst induced by the fracture of the thick and hard key stratum[J]. Procedia engineering, 2011(26): 457-465.

[122] PU H, ZHANG J. Mechanical model of control of key strata in deep mining[J]. Mining science and technology (China), 2011(21): 267-272.

[123] MIAO X X, CUI X M, WANG J A, et al. The height of fractured water-conducting zone in undermined rock strata[J]. Engineering geology, 2011 (120): 32-39.

[124] FENG M M, MAO X B, BAI H B, et al. Analysis of water insulating effect of compound water-resisting key strata in deep mining[J]. Journal of China University of Mining and Technology, 2007(17): 1-5.

[125] WANG L, CHENG Y P, LI F R, et al. Fracture evolution and pressure relief gas drainage from distant protected coal seams under an extremely thick key stratum [J]. Journal of China University of Mining and Technology, 2008(18): 182-186.

[126] DOU L M, HE X Q, HE H, et al. Spatial structure evolution of overlying strata and inducing mechanism of rockburst in coal mine [J]. Transactions of nonferrous metals society of China, 2014 (24): 1255-1261.

[127] MU Z L, DOU L M, HE H, et al. F-structure model of overlying strata for dynamic disaster prevention in coal mine[J]. International journal of mining science and technology, 2013(23): 513-519.

[128] JU J F, XU J L. Structural characteristics of key strata and strata behaviour of a fully mechanized longwall face with 7.0 m height chocks [J]. International journal of rock mechanics and mining sciences, 2013 (58): 46-54.

[129] ZHANG J. The influence of mining height on combinational key stratum breaking length[J]. Procedia engineering, 2011(26): 1240-1246.

[130] ZHANG Z Q, XU J L, ZHU W B, et al. Simulation research on the influence of eroded primary key strata on dynamic strata pressure of shallow coal seams in gully terrain[J]. International journal of mining science and technology, 2012(22): 51-55.

［131］ PU H，MIAO X X，YAO B H，et al. Structural motion of water-resisting key strata lying on overburden［J］. Journal of China University of Mining and Technology，2008(18)：353-357.

［132］ LI Y，QIU B. Investigation into key strata movement impact to overburden movement in cemented backfill mining method［J］. Procedia engineering，2012(31)：727-733.

［133］ 杜晓丽. 采矿岩石压力拱演化规律及其应用的研究［D］. 徐州：中国矿业大学，2011.

［134］ 武瑛，顾铁凤. 悬梁状顶煤破坏的力学分析［J］. 矿山压力与顶板管理，2000，17(2)：61-62.

［135］ 段梦凡. 基于 Hadoop 平台的二维悬梁应力计算的有限元方法设计与实现［D］. 天津：南开大学，2013.

［136］ 魏锦平，靳钟铭，汤洪. 坚硬顶板综放采场台阶式悬梁结构控制及其数值分析［J］. 湘潭矿业学院学报，2002(4)：15-19.

［137］ 靳钟铭. 坚硬顶板长壁采场的悬梁结构及其控制［J］. 煤炭学报，1986(2)：71-79.

［138］ 顾铁凤，戴少度，王化根，等. 裂隙形成的悬梁力学分析及对顶煤破坏的影响［J］. 太原理工大学学报，1998，29(5)：33-36.

［139］ 陈敏，许强，徐宏均，等. 超高大断面悬梁模板及其支撑体系施工技术［J］. 施工技术，2007(12)：192-194.

［140］ 蒲成志，曹平，衣永亮. 单轴压缩下预制 2 条贯通裂隙类岩材料断裂行为［J］. 中南大学学报(自然科学版)，2012，43(7)：2708-2716.

［141］ 唐芙蓉. 煤炭地下气化燃空区覆岩裂隙演化及破断规律研究［D］. 徐州：中国矿业大学，2013.

［142］ 何廷峻. 应用 Wilson 铰接岩块理论进行巷旁支护设计［J］. 岩石力学与工程学报，1998，17(2)：173-177.

［143］ SOFIANOS A I，KAPENIS A P. Numerical evaluation of the response in bending of an underground hard rock voussoir beam roof［J］. International journal of rock mechanics and mining sciences，1998(35)：1071-1086.

［144］ SOFIANOS A I. Analysis and design of an underground hard rock voussoir beam roof［J］. International journal of rock mechanics and mining sciences and geomechanics abstracts，1996(33)：153-166.

［145］ RIVEIRO B，CAAMAÑO J C，ARIAS P，et al. Photogrammetric 3D modelling and mechanical analysis of masonry arches:an approach based on a discontinuous model of voussoirs[J]. Automation in construction, 2011(20):380-388.

[146] HATZOR Y H,BENARY R. The stability of a laminated Voussoir beam:Back analysis of a historic roof collapse using DDA[J]. International journal of rock mechanics and mining sciences,1998(35):165-181.

[147] 钱鸣高,张顶立,黎良杰,等.砌体梁的"S-R"稳定及其应用[J].矿山压力与顶板管理,1994,11(3):6-11.

[148] 钱鸣高,缪协兴,何富连.采场"砌体梁"结构的关键块分析[J].煤炭学报,1994(6):557-563.

[149] 缪协兴,钱鸣高.采场围岩整体结构与砌体梁力学模型[J].矿山压力与顶板管理,1995,12(3):3-12.

[150] 曹胜根,缪协兴,钱鸣高."砌体梁"结构的稳定性及其应用[J].东北煤炭技术,1998(5):22-26.

[151] 李志成.锚杆支护的砌体梁作用原理及其应用[J].煤炭科学技术,2008(9):25-28.

[152] 钱鸣高,缪协兴,许家林,等.岩层控制的关键层理论[M].徐州:中国矿业大学出版社,2000.

[153] 钱鸣高,缪协兴.采场上覆岩层结构的形态与受力分析[J].岩石力学与工程学报,1995,14(2):97-106.

[154] 邹德蕴,刘志刚,姚树阳,等.采场矿压监测与数据信息融合技术应用研究[J].煤炭科学技术,2011,39(8):14-18.

[155] 宋振骐,陈立良,王春秋,等.综采放顶煤安全开采条件的认识[J].煤炭学报,1995,20(4):356-360.

[156] 卢国志,汤建泉,宋振骐.传递岩梁周期裂断步距与周期来压步距差异分析[J].岩土工程学报,2010,32(4):538-541.

[157] 汤建泉,卢国志,闫立章.传递岩梁理论中岩梁初次断裂与初次来压步距差异分析[C]//中国岩石力学与工程学会软岩工程与深部灾害控制分会.中国软岩工程与深部灾害控制研究进展——第四届深部岩体力学与工程灾害控制学术研讨会暨中国矿业大学(北京)百年校庆学术会议论文集.北京:[出版者不详],2009.

[158] 朱占东.综放开采覆岩破断机理与强矿压显现规律研究[D].北京:北京科技大学,2009.

[159] 张旭和.不连沟煤矿巨厚松散煤层综放开采覆岩运移规律研究[D].焦作：河南理工大学,2011.

[160] 侯树宏.灵武矿区 2# 煤层综放开采覆岩结构研究[D].西安：西安科技大学,2008.

[161] 李少刚.综放采场覆岩大结构运动规律及失稳冲击灾害防治研究[D].青岛：山东科技大学,2006.

[162] 于海军.轩岗"三软"厚煤层综放开采覆岩活动规律的数值模拟研究[D].阜新：辽宁工程技术大学,2008.

[163] 侯守军.大柳塔煤矿薄基岩综采矿区矿压显现规律研究及支架管理优化[D].青岛：山东科技大学,2011.

[164] 胡青峰.特厚煤层高效开采覆岩与地表移动规律及预测方法研究[D].北京：中国矿业大学(北京),2011.

[165] 谢福星.大采高沿空掘巷小煤柱稳定性分析及合理尺寸研究[D].太原：太原理工大学,2013.

[166] 王旭杰.大倾角特厚煤层综放开采区段煤柱合理尺寸优化与研究[D].太原：太原理工大学,2013.

[167] 王宝石.区段煤柱宽度合理留设研究[D].邯郸：河北工程大学,2013.

[168] 刘小虎.厚煤层坚硬顶板下区段煤柱合理留设研究[D].淮南：安徽理工大学,2013.

[169] 张雪峰.大倾角中厚煤层区段煤柱合理留设宽度理论与应用研究[D].哈尔滨：黑龙江科技学院,2010.

[170] 张国华,张雪峰,蒲文龙,等.中厚煤层区段煤柱留设宽度理论确定[J].西安科技大学学报,2009(5):521-526.

[171] 翟锦.倾斜煤层区段煤柱宽度留设研究[D].西安：西安科技大学,2012.

[172] 李少本.巨厚煤层综放开采区段煤柱合理留设宽度研究[J].中州煤炭,2014(1):12-14.

[173] 刘昕成,周宏伟.无煤柱护巷的基础研究[R].北京：煤炭科学基金项目,1993.

[174] 高伟.倾斜煤柱稳定性的弹塑性分析[J].力学与实践,2001,23(2):23-26.

[175] 贾胜光,康立军.综放开采采准巷道护巷煤柱稳定性研究[J].煤炭学报,2002,27(1):6-10.

[176] 谢广祥,杨科,刘全明.综放面倾向煤柱支承压力分布规律研究[J].岩石力学与工程学报,2006,25(3):2135-2138.

[177] 林继凯.厚煤层无区段煤柱错层位开采巷道支护技术研究[D].淮南:安徽理工大学,2013.

[178] 李庆忠.综放面小煤柱留巷理论与试验研究[D].青岛:山东科技大学,2003.

[179] 杨同敏,贾双春,宇黎亮,等.综放面沿空掘巷无煤柱开采[J].矿山压力与顶板管理,1998,15(2):60-62.

[180] 孙学阳,夏玉成.采煤工作面内及区段间煤柱宽度的理论计算[J].西安科技大学学报,2008,28(1):15-18.

[181] 代进,司荣军,谭云亮.工作面来压步距对上山煤柱尺寸的影响分析[J].山东科技大学学报(自然科学版),2006,25(3):13-16.

[182] 李文洲.华亭煤矿合理煤柱尺寸确定及分层巷道布置优化[J].煤矿开采,2009,14(6):22-24.

[183] GOH A T C. Estimating basal-heave stability for braced excavations in soft clay[J]. Leadership and management in engineering,1994,120(8):1430-1436.

[184] 徐光亮.成庄矿护巷煤柱宽度留设的分析与实践[J].煤矿开采,2004,9(3):67-68.

[185] 刘清利,牛栋.成庄矿护巷煤柱宽度留设的探讨与实践[J].科技情报开发与经济,2004,15(2):262-263.

[186] MATSUI T,SAN K C. Finite element slope stability analysis by shear strength reduction technique[J]. Soils and foundations,1992,32(1):59-70.

[187] UGAI K,LESHCHINSKY D. Three-dimensional limit equilibrium and finite element analyses:a comparison of results[J]. Soils and foundations,1995,35(4):1-7.

[188] CAI F,UGAI K. Base stability of circular excavation in soft clay estimated by FEM[C]//Proceedings of the third international conference on soft soil engineering. Hong Kong:[s. n.],2001.

[189] SLOAN S W. Elastoplastic analyses of deep foundation in cohesive soil[J]. International journal for numerical and analytical methods in geomechanics,1983,7(3):385-388.

[190] SMITH I M,HO D K H. Influence of construction technique on the performance of a braced excavation in marine clay[J]. International journal for numerical and analytical methods in geomechanics,1992,16

(12):845-867.

[191] 董方庭,宋宏伟,郭志宏,等.巷道围岩松动圈支护理论[J].煤炭学报,1994,19(1):21-32.

[192] 孙森.松软厚煤层长壁综放工作面顺槽稳定性控制理论技术研究[D].太原:太原理工大学,2010.

[193] 李成成.综放开采断层应力分布特征与冲击危险评价研究[D].青岛:山东科技大学,2010.

[194] 杨博.长壁综放工作面间隔煤柱稳定性研究[D].太原:太原理工大学,2012.

[195] 陈辉.厚煤层开采煤柱力学响应与蠕变特征数值模拟研究[D].青岛:青岛理工大学,2008.

[196] 郑朋强.唐口煤矿千米深井综放开采矿压显现与控制研究[D].青岛:山东科技大学,2011.

[197] 刘洋.长壁留煤柱支撑法开采煤柱优化设计及破坏的可监测性研究[D].西安:西安科技大学,2006.

[198] 王永秀,齐庆新,陈兵,等.煤柱应力分布规律的数值模拟分析[J].煤炭科学技术,2004,32(10):59-24.

[199] 张永久.特厚硬煤层综放工作面护巷煤柱合理宽度研究[D].淮南:安徽理工大学,2012.

[200] WANG H W,POULSEN B A,SHEN B T,et al. The influence of roadway backfill on the coal pillar strength by numerical investigation [J]. International journal of rock mechanics and mining sciences,2011 (48):443-450.

[201] JIANG Y D,WANG H W,ZHAO Y X,et al. The influence of roadway backfill on bursting liability and strength of coal pillar by numerical investigation[J]. Procedia engineering,2011(26):1125-1143.

[202] 王金华.我国煤巷锚杆支护技术的新发展[J].煤炭学报,2007,32(2):113-118.

[203] 康红普,王金华.煤巷锚杆支护理论与成套技术[M].北京:煤炭工业出版社,2007.

[204] 康红普,姜铁明,高富强.预应力在锚杆支护中的作用[J].煤炭学报,2007,32(7):673-678.

[205] 范明建.锚杆预应力与巷道支护效果的关系研究[D].北京:煤炭科学研究总院,2007.

[206] 张农,高明仕.煤巷高强预应力锚杆支护技术与应用[J].中国矿业大学学报,2004,33(5):524-527.

[207] 康红普.高强度锚杆支护技术的发展与应用[J].煤炭科学技术,2000,28(2):1-4.

[208] 王怀新,周明.高强锚杆支护材料在深井的开发应用[J].矿山压力与顶板管理,2002,19(1):30-31.

[209] 党兴旺.大采高综采工作面回采巷道围岩控制技术研究[D].太原:太原理工大学,2007.

[210] 苏锋.煤巷复合顶板的变形破坏规律分析及合理支护技术研究[D].西安:西安科技大学,2012.

[211] 李忠亮.煤巷围岩控制与锚网支护技术的研究[D].包头:内蒙古科技大学,2012.

[212] 杨启楠.板石煤矿工作面两巷支护技术研究[D].阜新:辽宁工程技术大学,2012.

[213] 刘海源.蒲河矿软岩巷道围岩控制机理及协调支护技术研究[D].北京:中国矿业大学(北京),2013.

[214] 袁宏彬.复合顶板煤层巷道锚网索支护技术研究[D].西安:西安科技大学,2013.

[215] 杨吉平.薄层状煤岩互层顶板巷道围岩控制机理及技术[D].徐州:中国矿业大学,2013.

[216] 郑浩,银广文.基于卸荷减跨理论下隧道开挖技术的研究[J].湖南交通科技,2012(3):120-123.

[217] 侯琴.大宁煤矿大跨度煤巷锚索支护研究与应用[D].太原:太原理工大学,2005.

[218] 王松周.基于卸荷减跨理论大断面水下隧道开挖的工序优化技术研究[D].长沙:中南大学,2012.

[219] 李常文,周景林,韩洪德.组合拱支护理论在软岩巷道锚喷设计中应用[J].辽宁工程技术大学学报,2004(5):594-596.

[220] 蒋春霞.含竖向排水体地基轴对称固结及平面应变等效固结分析[D].南京:河海大学,2005.

[221] 秦广鹏.综放沿空巷道稳定性分析及其混沌动力学评价[D].青岛:山东科技大学,2005.

[222] 朱阳照.极碎围岩整修巷道锚注支护机理研究[D].邯郸:河北工程大学,2007.

[223] 秦永洋,许少东,杨张杰.深井沿空掘巷煤柱合理宽度确定及支护参数优化[J].煤炭科学技术,2010,38(2):15-18.

[224] 代金华.特厚煤层大采高综放围岩变形规律与工艺参数研究[D].太原:太原理工大学,2011.

[225] 陈淼明.深井厚煤层多条上山围岩控制技术研究与应用[D].长沙:湖南科技大学,2011.

[226] 张川.软弱特厚煤层综放回采巷道支护技术研究与应用[D].青岛:山东科技大学,2011.

[227] 张学会.特厚煤层大采高综放面力学特征研究及其应用[D].淮南:安徽理工大学,2012.

[228] 张益超.冲击型特厚煤层工作面冲击机理及预警方法研究[D].北京:北京科技大学,2013.

[229] 王贵虎.复杂条件下综放回采巷道支护技术研究[D].淮南:安徽理工大学,2006.

[230] 王洛锋.深部大倾角强冲击厚煤层开采解放层卸压效果研究[D].北京:北京科技大学,2008.

[231] 安昌辉.深井综放开采沿空掘巷采动影响围岩变形机理研究[D].青岛:山东科技大学,2007.

[232] 周林生.深井综放开采沿空巷道变形破坏特征与围岩控制技术研究[D].青岛:山东科技大学,2006.

[233] 王本强.厚煤层综放沿空大跨度开切眼支护技术研究与应用[D].青岛:山东科技大学,2008.

[234] 文志杰.中厚煤层沿空留巷巷道围岩稳定性分析及应用研究[D].青岛:山东科技大学,2008.

[235] 温克珩.深井综放面沿空掘巷窄煤柱破坏规律及其控制机理研究[D].西安:西安科技大学,2009.

[236] 阚甲广.典型顶板条件沿空留巷围岩结构分析及控制技术研究[D].徐州:中国矿业大学,2009.

[237] 李学华.综放沿空掘巷围岩大小结构稳定性的研究[D].徐州:中国矿业大学,2000.

[238] 陈忠辉,冯竟竟,肖彩彩,等.浅埋深厚煤层综放开采顶板断裂力学模型[J].煤炭学报,2007,32(5):449-452.

[239] 钱鸣高,石平五.矿山压力与岩层控制[M].徐州:中国矿业大学出版社,2003.

［240］吴立新,王金庄.煤柱屈服区宽度计算及其影响因素分析[J].煤炭学报,1995(6):625-631.

［241］蒋力帅,马念杰,白浪,等.巷道复合顶板变形破坏特征与冒顶隐患分级[J].煤炭学报,2014,39(7):1205-1211.